Informieren Sie sich im Lehrbuch, Abschnitt 7.1.

Dachformen

Bezeichnen Sie die Dachformen.

Satteldach

Pultdach

Krüppelwalmdach

Zeltdach

Mansarddach

Walmdach

Dachneigungen (Vervollständigen Sie den Text.)

Von 5° bis 40° werden die Dächer als mäßig steile Dächer ______ bezeichnet.

Dächer mit mehr als 40° Neigung sind Steildächer ______.

Optische Wirkung von Dächern

Wovon kann es abhängig sein, dass sich ein Baukörper harmonisch in seine Umgebung einpasst oder ob er möglicherweise wie ein Fremdkörper wirkt?

Von der Form, Neigung, Konstruktion, Deckungsart und Farbe.

Neben den oben aufgeführten traditionellen Erscheinungsformen geneigter Dächer gibt es auch Dächer, deren Flächen nicht eben sind. Wie werden diese Dachformen bezeichnet?

Kuppeln oder Schalen

Nennen Sie ein Ihnen bekanntes Gebäude, das eine besonders auffällige und schöne Dachform besitzt.

(freie Beantwortung)

Name:	Klasse:	Datum:

Informieren Sie sich im Lehrbuch, Abschnitt 7.2.

Welche der dargestellten Dachkonstruktionen sind Pfettendachstühle?
(Kreuzen Sie an.)

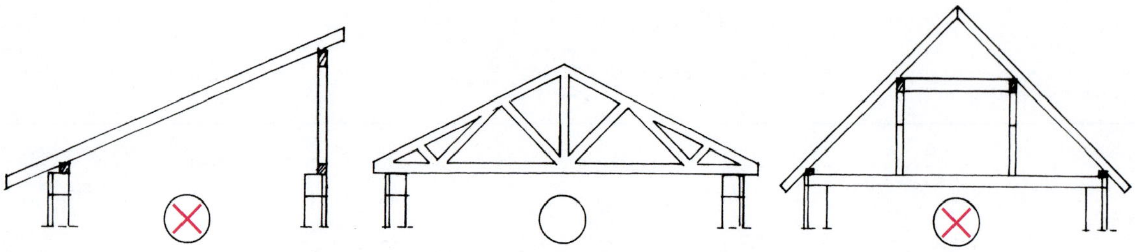

Welche wesentlichen Merkmale besitzen Pfettendachstühle?

Bei Pfettendachstühlen ruhen die Sparren als schräg liegende Träger auf den Pfetten.

Die Pfetten sammeln die Lasten und leiten sie über die Pfosten und Streben ab.

Quer- und Längsaussteifung bei Pfettendachstühlen
(Kreuzen Sie die richtigen Antworten an.)

- [ ] Die Längsaussteifung bei Pfettendachstühlen erfolgt durch die Dachlattung.
- [ ] Die Längsaussteifung bei Pfettendachstühlen erfolgt durch die Pfetten.
- [x] Die Längsaussteifung bei Pfettendachstühlen erfolgt durch die Dreiecke aus Pfette – Pfosten – Büge (bzw. Kopfbänder).
- [x] Streben unter den Pfetten steifen Pfettendachstühle in Längsrichtung aus.
- [ ] In Querrichtung erhalten Pfettendachstühle ihre Steifigkeit durch eine gute Verschraubung der Sparren mit der Firstpfette.
- [x] Die Dreiecke aus Sparren – Pfosten – Decke steifen das Pfettendach in Querrichtung aus.
- [x] Die Längs- und Queraussteifung bei Pfettendachstühlen ist im Wesentlichen auf die konstruktive Ausbildung von Dreiecken zurückzuführen.

Diskutieren Sie mit Ihren Mitschülerinnen und Mitschülern die Frage, ob gemauerte Giebelscheiben in der Lage sind, einen Pfettendachstuhl in Längsrichtung auszusteifen.

Name: ______ Klasse: ______ Datum: ______

7 Abbinden und Richten eines Satteldaches

Tragen Sie in die Zeichnung die Bezeichnungen ein.

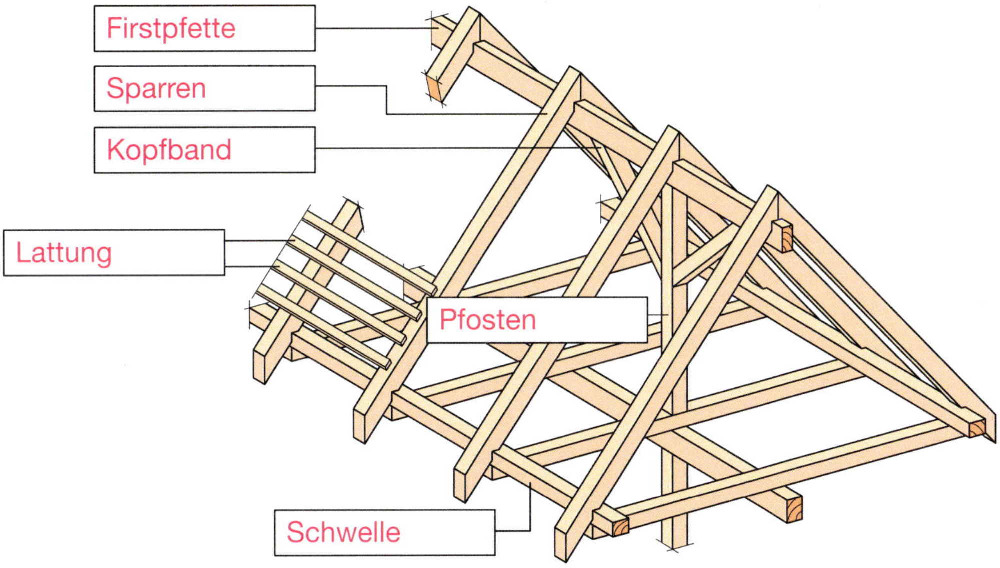

Stellen Sie durch Strichskizzen folgende Konstruktionen im Querschnitt dar.

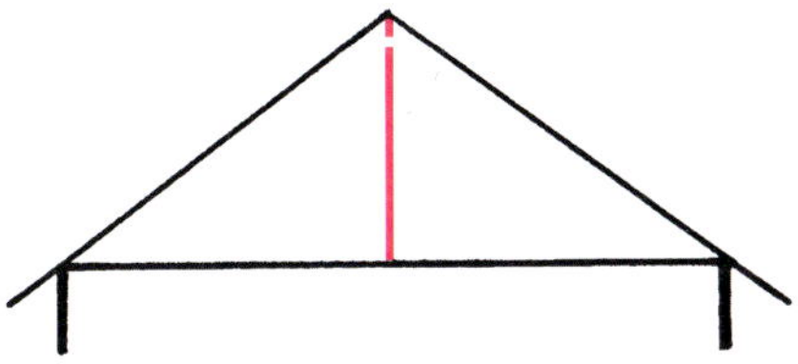

einfach stehender Pfettendachstuhl

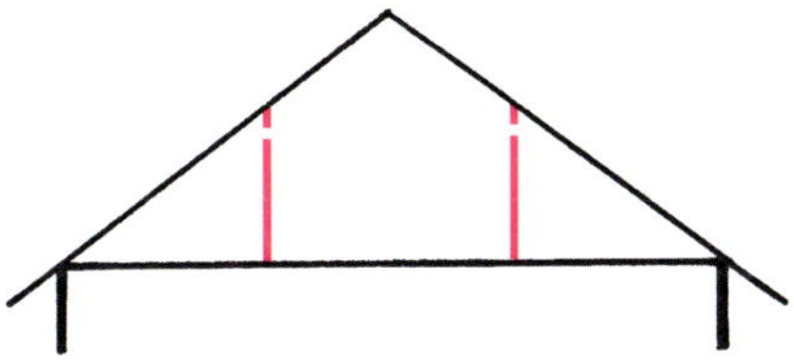

zweifach stehender Pfettendachstuhl

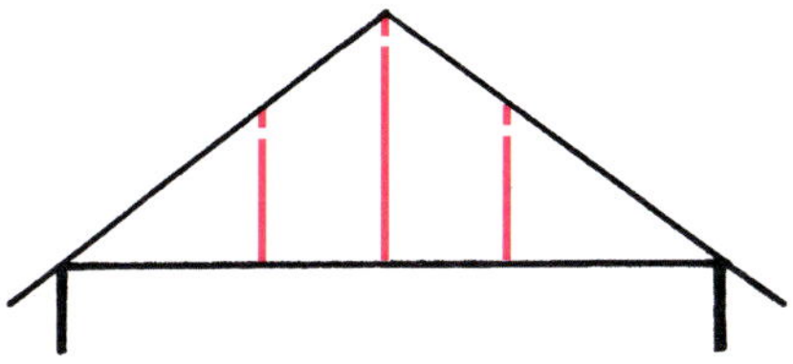

dreifach stehender Pfettendachstuhl

Vervollständigen Sie die Skizzen.

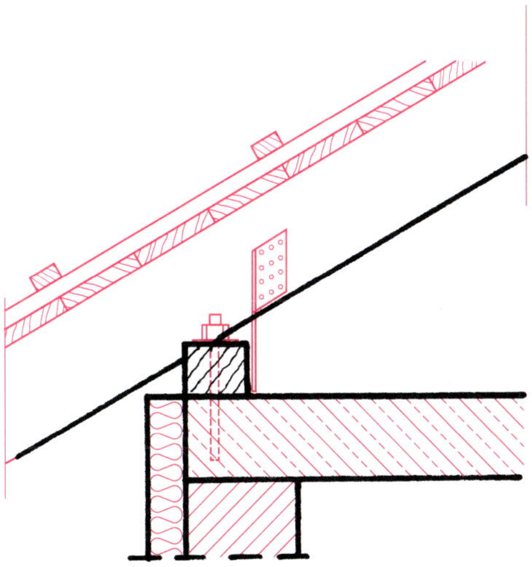

Fußpunkt bei einem Pfettendachstuhl

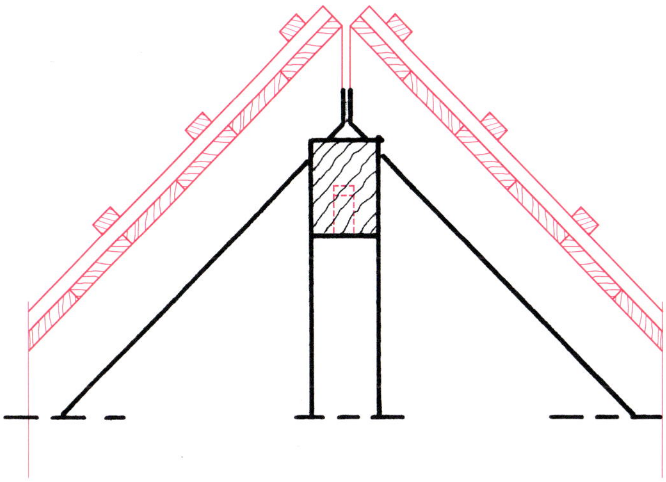

Firstpunkt bei einem Pfettendachstuhl

Name: ______________________ Klasse: ____________ Datum: ____________

7 Abbinden und Richten eines Satteldaches

Informieren Sie sich im Lehrbuch, Abschnitt 7.3.

Welche wesentlichen Merkmale besitzen Sparrendächer?

Beim Sparrendach bilden die Sparren (Sparrenpaare) mit der darunter liegenden Decke ein steifes Dreieck.

Welche Konstruktionen stellen die beiden Strichskizzen dar?

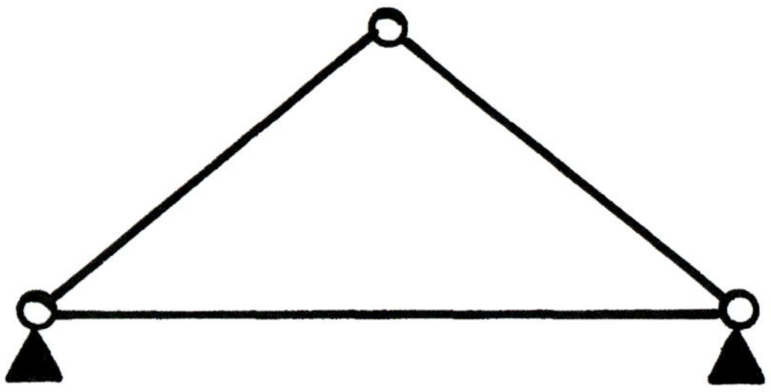

Sparrendach

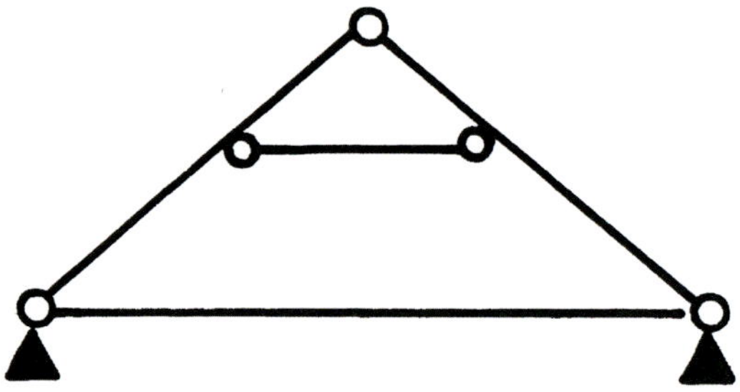

Kehlbalkendach

Vervollständigen Sie den Text.

Je geringer die Dachneigung bei Sparren- und Kehlbalkendächern ist, umso größer ist die Horizontalkraft am Sparrenfuß.

Je größer die Dachneigung bei Sparren- und Kehlbalkendächern ist, umso größer ist die Vertikalkraft am Sparrenfuß.

Stellen Sie diese Aussage mithilfe von Kräfteparallelogrammen dar.

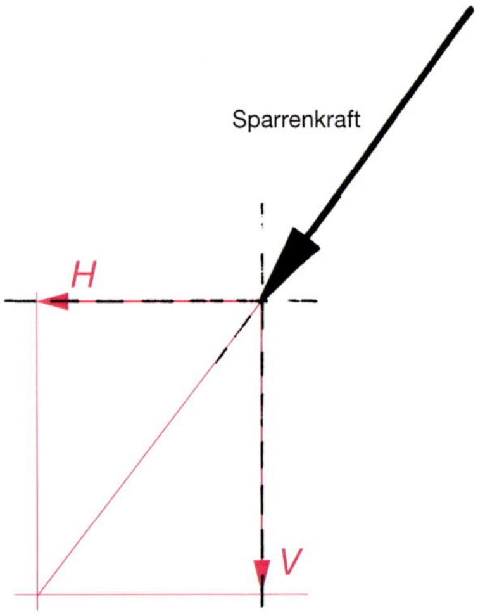

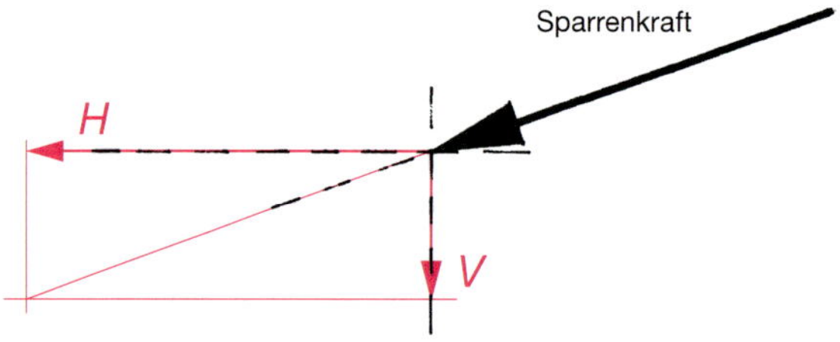

Diskutieren Sie mit Ihren Mitschülerinnen und Mitschülern, ob auf einem gemauerten Kniestock der Sparrenfuß eines Sparren- oder Kehlbalkendaches angeschlossen werden kann.

Name: ______ Klasse: ______ Datum: ______

Abbinden einer Dachkonstruktion	# 7 Abbinden und Richten eines Satteldaches

Informieren Sie sich im Lehrbuch, Abschnitt 7.8.

Bauzeitplan als Balkendiagramm

Für die Konstruktion eines Dachstuhls ist folgender Zeitaufwand und Personeneinsatz geplant:

- Aufriss → 2 ½ Tage, 2 Facharbeiter
- Abbund → 3 ½ Tage, 3 Facharbeiter
- Aufschlagen/Richten → 4 Tage, 3 Facharbeiter, 2 Bauhelfer
- Dachschalung und Dachlattung → 2 Tage, 2 Facharbeiter, 1 Bauhelfer
- Dachdeckung → 2 Tage, 2 Facharbeiter, 2 Bauhelfer
- Dachdämmung/Ausbau → 5 Tage, 2 Facharbeiter, 1 Bauhelfer

Zwischen dem Einlatten und der Dachdeckung müssen für das Anbringen der Blechverwahrungen und der Dachrinnen 3 Arbeitstage liegen.

Fertigen Sie einen Bauzeitplan als Balkendiagramm.

	1. Woche					2. Woche					3. Woche					4. Woche					5. Woche				
Aufriss																									
Abbund																									
Aufschlagen/Richten																									
Dachschalung/Lattung																									
Dachdeckung																									
Dämmung/Ausbau																									
Facharbeiter		2			3			3			2					2				2					
Bauhelfer								2			2					2				1					

Vor Beginn der Abbundarbeiten müssen folgende Voraussetzungen erfüllt sein:

Die **Bauplanung** betreffend:	Die **Werkstoffe** betreffend:	Die **Werkzeuge** und den **Maschineneinsatz** betreffend:
Liegen die Baupläne mit geprüften Maßen und gegebenenfalls die berechneten Abbundmaße vor?	Ist das Bauholz (nach Holzliste) vorhanden?	Stehen die erforderlichen Werkzeuge und Maschinen zur Verfügung?

Name: ______________ Klasse: ______________ Datum: ______________

7 Abbinden und Richten eines Satteldaches

Richten einer Dachkonstruktion

Was muss beim Richten einer Dachkonstruktion beachtet werden, um ein erhöhtes Unfallrisiko auszuschließen?

Gerüste	Persönliche Schutzausrüstung
Arbeitsgerüste	Höhensicherungsgerät
Fanggerüste	Schutzhelm
Fangnetze	Schutzkleidung

Richten einer Dachkonstruktion

Ordnen Sie die folgenden Abbildungen in richtiger Reihenfolge.

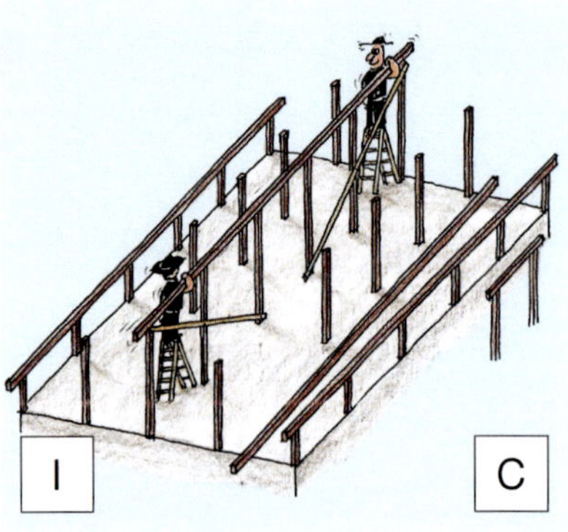

1. Verlegen der Fußpfetten
2. Verlegen der übrigen Pfetten
3. Verlegen der Sparren
4. Richtfest
5. Dachschalung

Lösungswort:

1.	2.		3.	4.		5.
R	I	C	H	T	E	N

Name: ______ Klasse: ______ Datum: ______

7 Abbinden und Richten eines Satteldaches

Informieren Sie sich im Lehrbuch, Abschnitt 7.10.

Bei den Dachdeckungen wird zwischen

Eindeckungen und Abdichtungen

unterschieden.

Geneigte Dächer erhalten in der Regel eine Eindeckung.

Übersicht über die wichtigsten Dachziegel

Vervollständigen Sie die Tabelle.

Beispielfoto	Verfalzung	Beispiele
	ohne Verfalzung	Biberschwanzziegel, Hohlpfanne, Mönch und Nonne
	Falzziegel	Flachdachziegel, Reformziegel, Flachkremper, Verschiebeziegel

Übersicht über die wichtigsten Betondachsteine

Betondachsteine lassen sich in vier Gruppen unterteilen. Vervollständigen Sie die Tabelle.

Beispielfoto	Beschreibung
	Dachstein in Biberformat
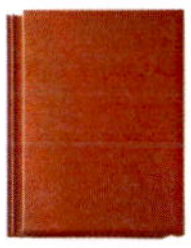	Dachstein, ebenflächig mit tief liegendem Längsfalz
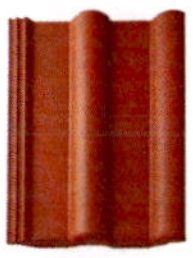	Dachstein mit hoch liegendem Längsfalz und symmetrischem Mittelwulst
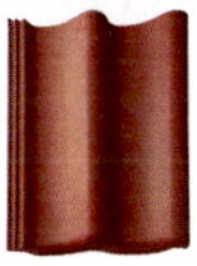	Dachstein mit hoch liegendem Längsfalz und asymmetrischem Mittelwulst

Name: ______ Klasse: ______ Datum: ______

7 Abbinden und Richten eines Satteldaches

Zusammenfassung

Viel Freude beim Lösen des Kreuzworträtsels.

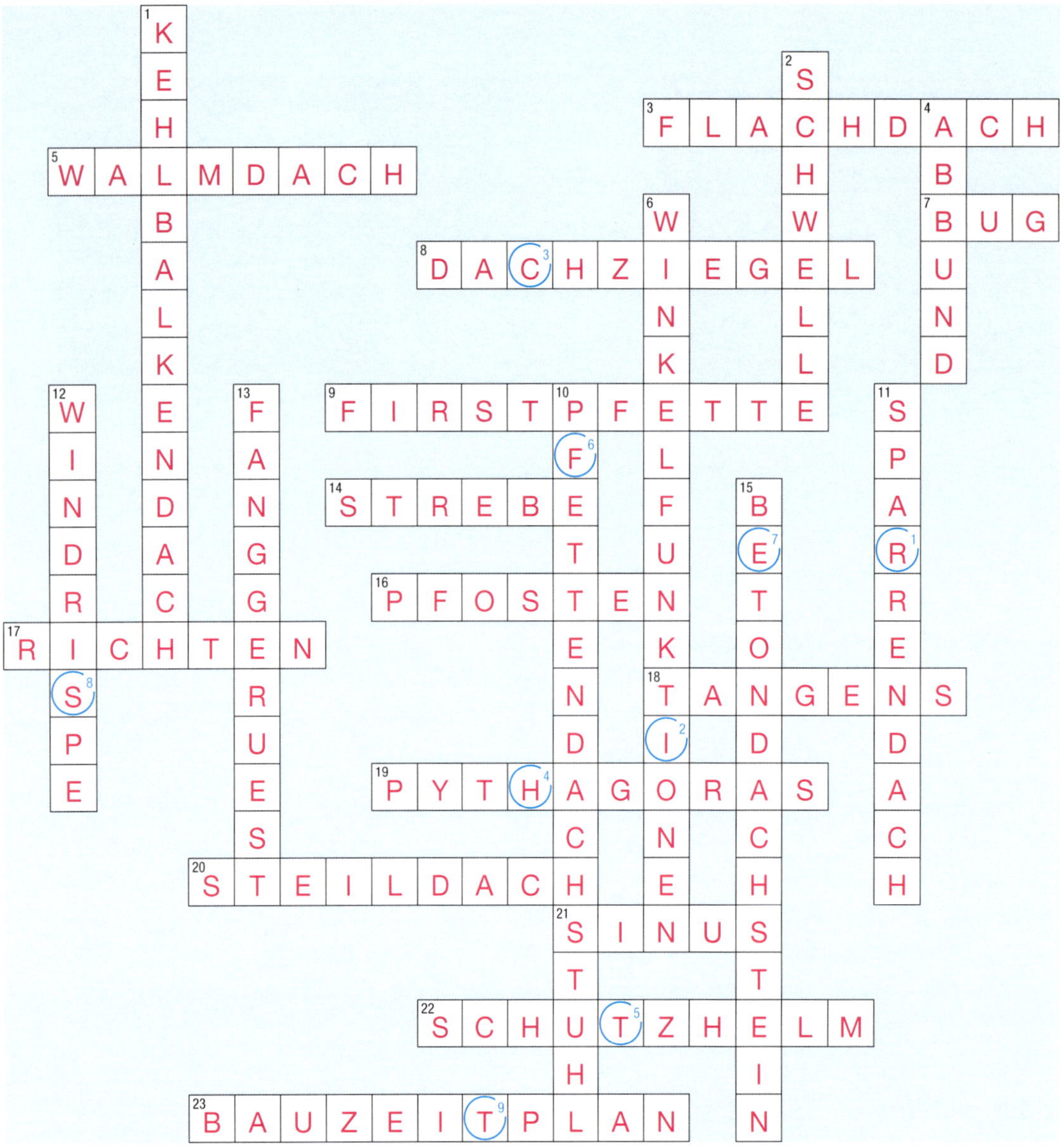

Waagerecht

3 Dach ohne Neigung
5 Dach ohne Giebel
7 Kopfband
8 aus gebranntem Lehm
9 Pfette am First
14 schräge Stütze
16 unterstützt die Pfetten
17 Aufschlagen eines Daches
18 Gegenkathete geteilt durch Ankathete
19 griechischer Philosoph
20 Dach mit mehr als 40° DN
21 Gegenkathete geteilt durch Hypotenuse
22 unerlässlich bei Bauarbeiten
23 Darstellung des zeitlichen Bauablaufs

Senkrecht

1 ausgesteiftes Sparrendach
2 Fußpfette
4 Vorbereitung einer Dachkonstruktion
6 Gesetzmäßigkeit bei Dreiecken
10 Dach mit Pfetten
11 Dachkonstruktion ohne Stuhl
12 zur Längsaussteifung von Sparrendächern
13 Auffangsicherung
15 zementgebundener Dachstein

Lösungswort:

1	2	3	4	5	6	7	8	9
R	I	C	H	T	F	E	S	T

Name: ____________ Klasse: ____________ Datum: ____________

8 Errichten einer tragenden Holzwand

Informieren Sie sich im Lehrbuch, Abschnitt 8.1.

Bezeichnen Sie die Hölzer im Fachwerk des dargestellten Gebäudes

Durch welche Maßnahmen kann eine Fachwerkschwelle vor den folgenden Einflüssen geschützt werden?

Einfluss		Maßnahme
kapillar aufsteigende Feuchtigkeit	Maßnahme →	Einlage von Bitumenpappe
Spritzwasser	Maßnahme →	Abstand Boden zu Holz ≥ 30 cm

Wodurch könnte der im Bild dargestellte Schaden an der Schwelle verursacht worden sein?

Auf dem Sockel bleibt Wasser stehen und durchfeuchtet die Schwelle.

Name: ____________ Klasse: ____________ Datum: ____________

8 Errichten einer tragenden Holzwand

Skizzieren Sie den senkrechten Schnitt **A-A** durch den Sockelbereich eines Fachwerks, sodass eine Beschädigung der Schwelle durch Feuchtigkeit **jeglicher Art** vermieden werden kann.
(Geben Sie auch die wichtigsten Maße an.)

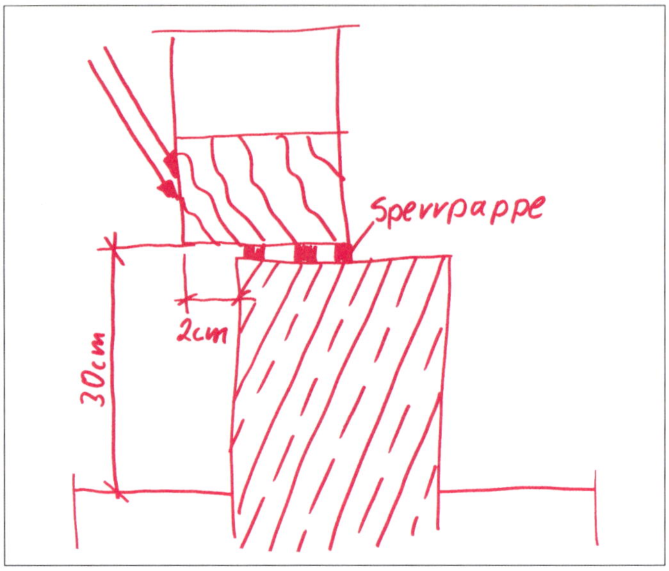

Skizze Schnitt A-A

Überlegen Sie mit Ihrem Nebensitzer/Ihrer Nebensitzerin, wie die angreifenden Horizontallasten (blau/grün) nach unten abgeleitet werden.
(Kennzeichnen Sie die Kräfte jeweils durch blaue und grüne Pfeile.)

Partner 1: blauer Kräfteverlauf
Partner 2: grüner Kräfteverlauf

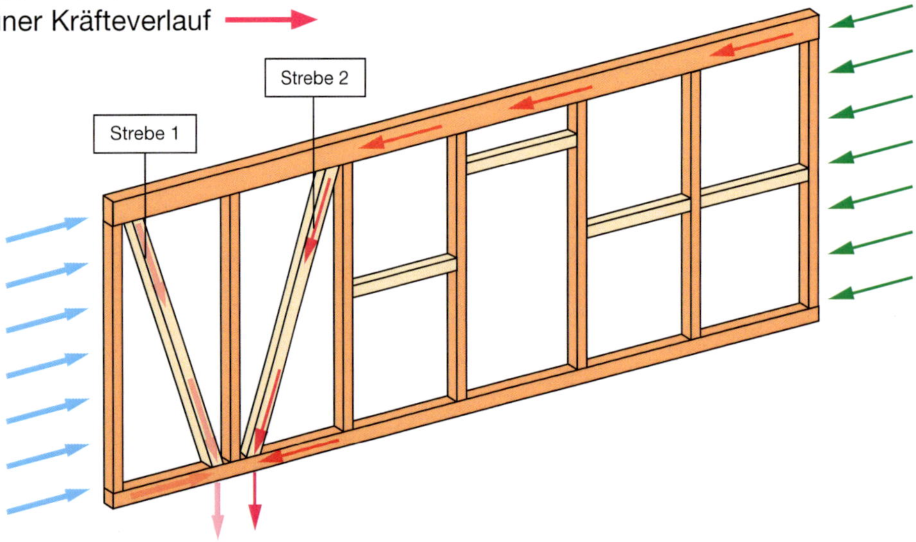

Erläutern Sie den jeweiligen Kräfteverlauf Ihrem Nebensitzer/Ihrer Nebensitzerin.
Beurteilen Sie gemeinsam die Anordnung der Streben 1 und 2 und begründen Sie Ihre Antwort.

Strebe 1: Die Horizontalkräfte werden unmittelbar nach unten geleitet.

Strebe 2: Kraft verläuft zunächst in Rähm. Erst durch Strebe 2 wird Kraft nach unten geleitet.

Machen Sie einen Verbesserungsvorschlag: Strebe 2 sollte ins rechte Endfeld verschoben werden.

Diskutieren Sie mit Ihren Partnern, ob es möglich wäre, eine Fachwerkwand auch ohne aussteifende Streben auszuführen.

Name:	Klasse:	Datum:

8 Errichten einer tragenden Holzwand

Benennen Sie die dargestellten Möglichkeiten einer Längsverbindung am Rähm.

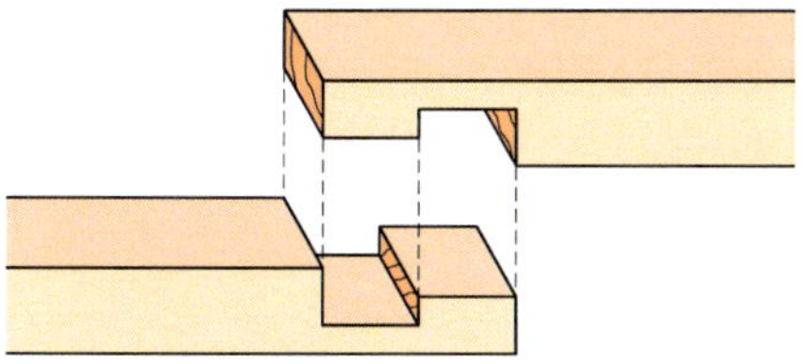

Die Verbindungen müssen zugfest sein.

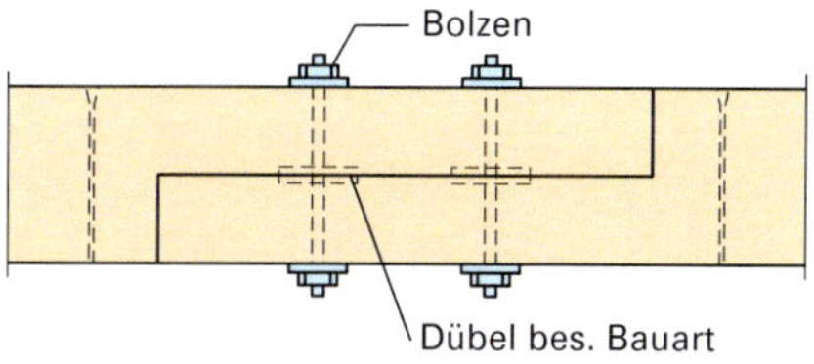

gerades Hakenblatt

gerades Blatt mit Dübeln

Ergänzen Sie mit gestrichelter Darstellung die Verzapfung.

An Eck- oder Türpfosten werden Zapfen geächselt.

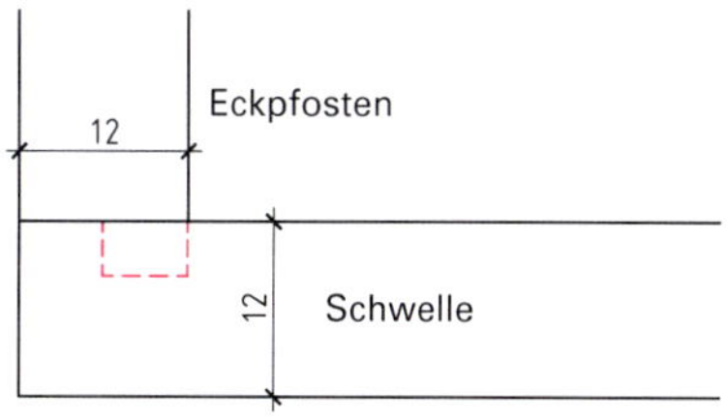

Vervollständigen Sie die Skizze des Strebenanschlusses.
(Tragen Sie auch Winkel und Maße ein.)

Der Abstand zwischen Pfosten und Strebe heißt Vorholz.

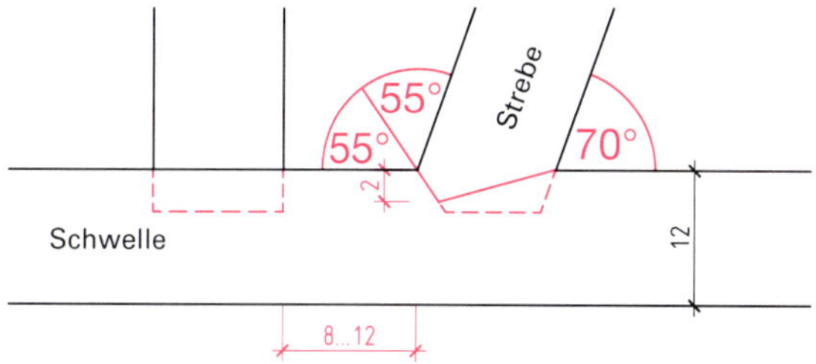

Sind die Aussagen richtig oder falsch? (Kreuzen Sie an.)

richtig	falsch	
☒	○	Rähm, Pfosten und Schwellen müssen senkrechte Lasten aufnehmen und weiterleiten können.
☒	○	Beim Pfosten werden die Lasten in der Faserrichtung des Holzes aufgenommen.
○	☒	Schwellen können die Lasten, die quer auf die Faserrichtung treffen, besonders gut aufnehmen.
○	☒	Fenster begrenzende Riegel werden als Fachriegel bezeichnet und dienen als Aussteifung der Fachwerkwand.
☒	○	Über Streben werden Winddrucklasten von Geschoss zu Geschoss bis zum Gebäudesockel geleitet.
○	☒	Ein Zapfenloch muss in der Breite und Tiefe absolut passgenau zum Zapfen sein.
○	☒	Waagerecht wirkende Lasten werden am besten zunächst über die Rähm und dann über die Strebe nach unten geleitet.

Name: ____________ Klasse: ____________ Datum: ____________

8 Errichten einer tragenden Holzwand

Fachwerkbau IV

Kennzeichnen Sie die Versatzflächen an den Riegeln.

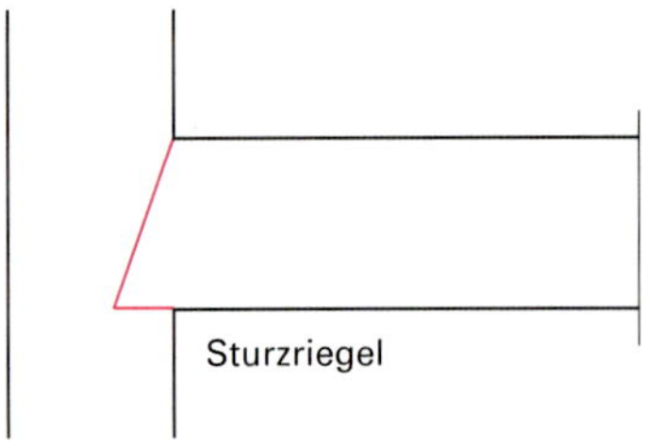

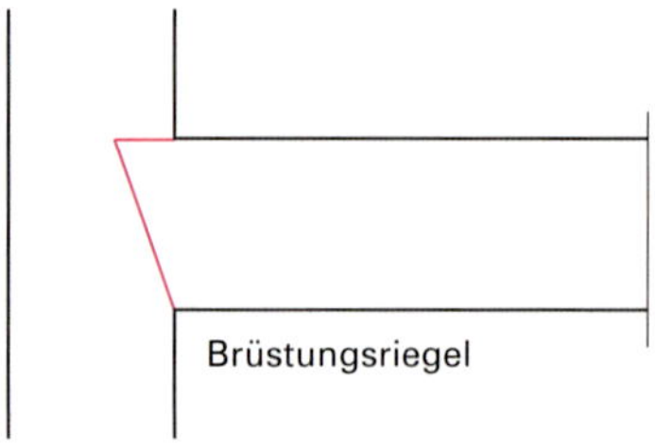

Begründen Sie die Versatzanordnung.

Die Last vom Gefach wird über den Sturzriegel an den Pfosten geleitet.	Der Brüstungsriegel wird nicht gegen die Fensteröffnung gedrückt.

Abbund einer Fachwerkwand (Vervollständigen Sie den Text.)

Bevor mit dem Anreißen der Hölzer begonnen wird, muss deren Bundseite festgelegt werden. Allgemein stellen die Außenflächen der Hölzer deren Bundseite dar, bei Schwellen und Rähm zusätzlich deren Oberseiten.

Das Anreißen und Abbinden einer Fachwerkwand erfolgt dann in einer bestimmten Reifenfolge:

1. Schwelle, Rähm
2. Pfosten
3. Streben
4. Riegel

Fachwerk heute

Fachwerkkonstruktionen sind nicht nur in historischen Altstädten vorhanden, auch Neubauten entstehen mit Fachwerk.

Diskutieren Sie mit Ihren Mitschülerinnen und Mitschülern Vor- und Nachteile der heutigen **Außenwandherstellung** mittels Fachwerkkonstruktion.

Notieren Sie Ihre Ergebnisse in Stichworten.

Herstellung von Fachwerkaußenwänden heute:

Vorteile	Nachteile
– schöne Optik	– hoher Aufwand, Arbeitszeit
– Holz als tragender Baustoff	– tragendes Holz ist Witterung ausgesetzt
– keine Beplankung notwendig	– Dicke des Gefachs oft nicht ausreichend für Wärmeschutz

Name: ____________ Klasse: ____________ Datum: ____________

8 Errichten einer tragenden Holzwand

Informieren Sie sich im Lehrbuch, Abschnitt 8.2.

Benennen Sie die vier wichtigsten Elemente im Holzrahmenbau.
(Kennzeichnen Sie die Elemente mit einem Pfeil.)

Rähm

Schwelle

Ständer

Beplankung

Beschreiben Sie in Stichworten vier Aufgaben der Beplankung.

- steift Wandelement aus
- verhindert das Knicken der Ständer
- kann senkrechte Lasten abtragen
- bildet den Raumabschluss

Begründen Sie, weshalb Fachwerkwände keine Beplankungen benötigen.

Streben, Wandriegel und Ausfachung übernehmen diese Aufgaben.

Für die Beplankung von Wänden im Holzrahmenbau werden Holzwerkstoffplatten verwendet.
Geben Sie die Bezeichnung der abgebildeten, aussteifungstauglichen Holzwerkstoffplatten an.

OSB-Platten

mehrschichtige Massivholzplatten

zementgebundene Holzspanplatten

Baufurnier-sperrholzplatten

Bei entsprechender bauaufsichtlicher Zulassung können auch

Gipswerkstoffplatten als Beplankung herangezogen werden.

Im Innenbereich können diese malerfertig verspachtelt werden.

Erläutern Sie den Begriff „Konstruktionsraster“:

Ständerabstand so, dass die Werkstoffplatten mit 125 cm Breite möglichst ohne Verschnitt angebracht werden können.

Name:	Klasse:	Datum:

Für die Ständer wird unter anderem bevorzugt sogenanntes Konstruktionsvollholz (KVH®) verwendet. Recherchieren Sie mit Ihren Mitschülerinnen und Mitschülern im Internet bezüglich dieses Holzbaustoffes. Notieren Sie Ihre Erkenntnisse.

	Eigenschaften von KVH®
	– hohe Tragfähigkeit – geringe Holzfeuchte – Maßhaltigkeit – Oberflächenqualität – keine Verformung – verminderte Rissbildung

Welche Gründe sprechen dafür, die Ständer so schmal wie möglich auszuführen?

Im Vergleich zur Wärmedämmung stellen die Ständer eine Schwachstelle dar.

Schmale Ständer verringern Wärmebrücken.

Skizzieren und bemaßen Sie in diesem Zusammenhang einen Stegträger im Querschnitt für eine Wanddicke von 30 cm (im Maßstab 1 : 10). Erklären Sie die Besonderheit dieses Trägers.

Darstellung Stegträger	Besonderheit
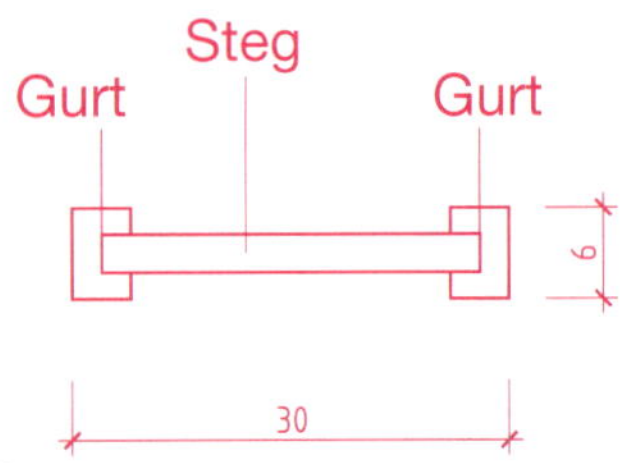 Stegträger im Querschnitt/Skizze	– hohe Tragfähigkeit – schmaler Steg, < 25 mm – Gurte sind breit genug, um Beplankungen anbringen zu können.

Vorfertigung/Montage von Wandelementen

An das rechts skizzierte Wandelement (waagerechter Schnitt) soll ein weiteres vorgefertigtes Wandelement angefügt werden. Ergänzen Sie den Schnitt. Achten Sie darauf, dass beide Elemente außen und innen beplankt werden können.

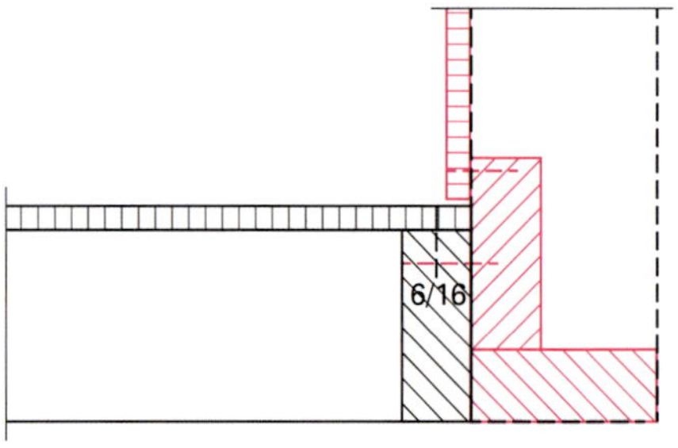

Außenecke Maßstab 1 : 10

Name:	Klasse:	Datum:

8 Errichten einer tragenden Holzwand

Informieren Sie sich im Lehrbuch, Abschnitt 8.2.3.

Die Außenschale von Wänden in Holzrahmenbauweise hat zwei Aufgaben zu erfüllen:

Wetterschutz	Fassadengestaltung

Sofern Außenschalen mit einer Unterkonstruktion vor die tragende Kernschicht gehängt werden, sollten sie hinterlüftet sein.

Benennen Sie die vorgehängten Holzverschalungen.

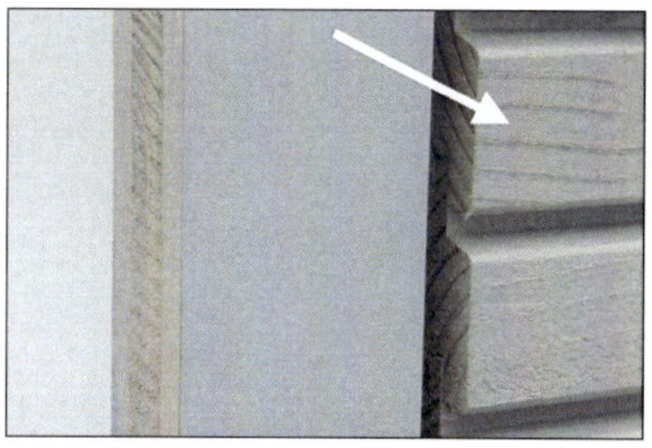

Stülpschalung	Boden-Deckel-Schalung	Nut- und Feder-Schalung

Welche Werkstoffe wurden für die Außenschalen verwendet?

Holzfaserplatte	kunstharz-/zement-gebundene Holzspanplatte	mehrschichtige Massivholzplatte

Neulich auf der Baustelle

Welche Funktion hat die blaue Folie?

diffusionsoffene, luftdichte Dampfbremse

Welche Funktion hat das gelbe Klebeband?

Luftdichtung durch Abklebung von Ecken und Stößen der Holzwerkstoffplatten

Name: ______ Klasse: ______ Datum: ______

8 Errichten einer tragenden Holzwand

Holzrahmenbau, Planung

Der Bauherr unseres Projekthauses will die Außenschale seines Holzrahmenbaus in Eigenleistung anbringen. Hierfür benötigt er Ihre Unterstützung und bittet Sie um eine Detailzeichnung.

Planungsvorgaben: (von innen nach außen)

- Gipsfaserplatte, 1,5 cm
- OSB-Platte, 1,5 cm, an den Stößen verklebt, als Dampfbremse und Luftdichtigkeitsschicht
- Ständer 6 cm/16 cm aus KVH®
- mineralische Wärmedämmung, 16 cm, WLG 030
- Holzfaserplatte (MDF), 1,7 cm
- Windsperrbahn
- senkrechte Lattung, 30 mm/50 mm
- waagerechte Lattung, 30 mm/50 mm
- Boden-Deckel-Schalung, 25 mm /120 mm

Arbeitsauftrag:

a) Stellen Sie im Detail (Horizontalschnitt) den gesamten Wandaufbau dar. (Ständer sind bereits vorgegeben.) Wählen Sie den Maßstab 1 : 5.

b) Beschriften Sie alle Bauteile.

c) Achten Sie auf eine saubere Darstellung.

Vor allem soll auch die Lage und Befestigung der Boden-Deckel-Schalung für den Bauherrn ersichtlich sein.

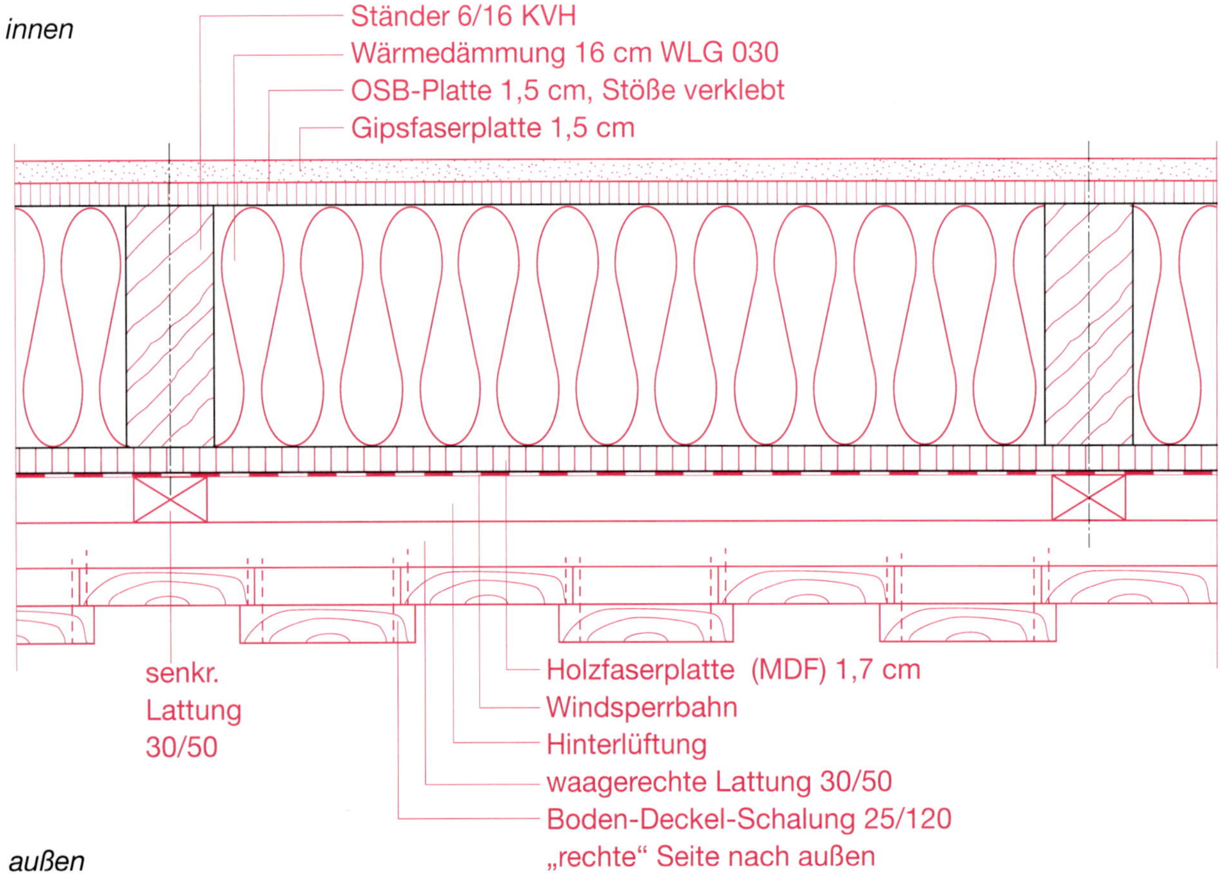

Name:	Klasse:	Datum:

8 Errichten einer tragenden Holzwand

Informieren Sie sich im Lehrbuch, Abschnitt 8.3.

Beim Projekthaus in Holzskelettbauweise soll der Anschluss „Decke über EG" ausgeführt werden. Benennen Sie die unterschiedlichen Konstruktionsprinzipien.

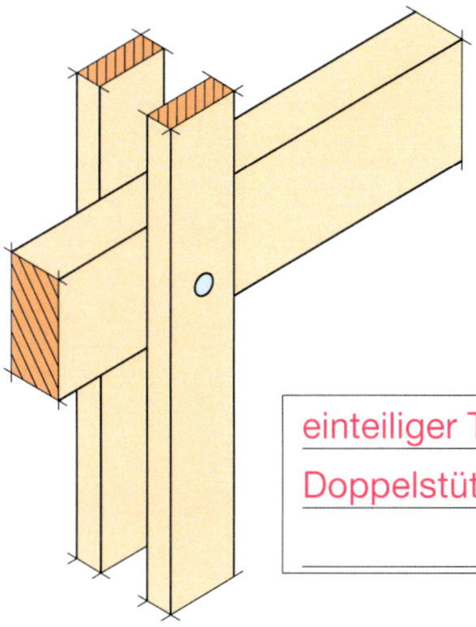

einteiliger Träger und
Doppelstütze

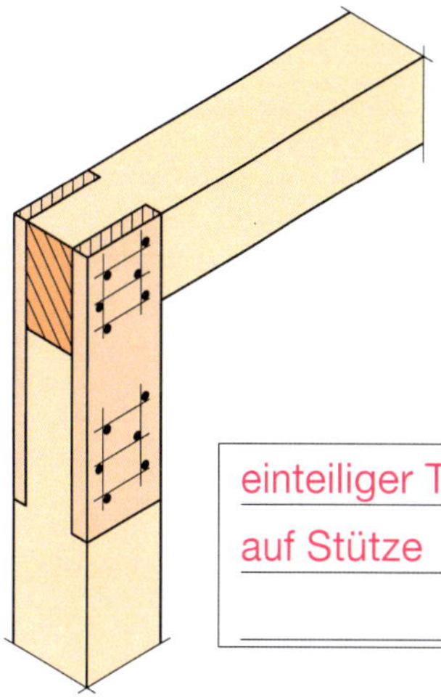

einteiliger Träger
auf Stütze

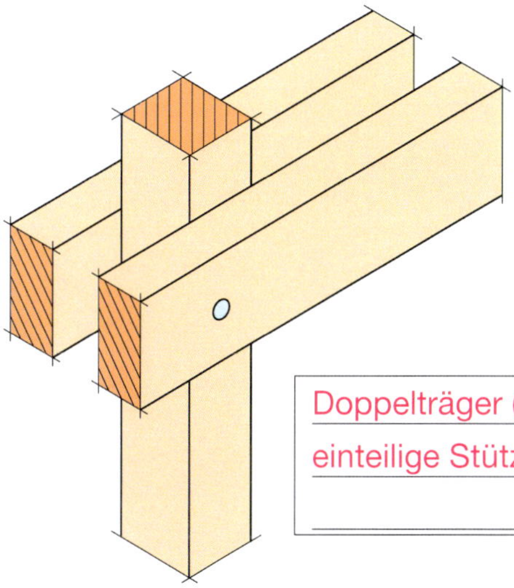

Doppelträger (Zange) und
einteilige Stütze

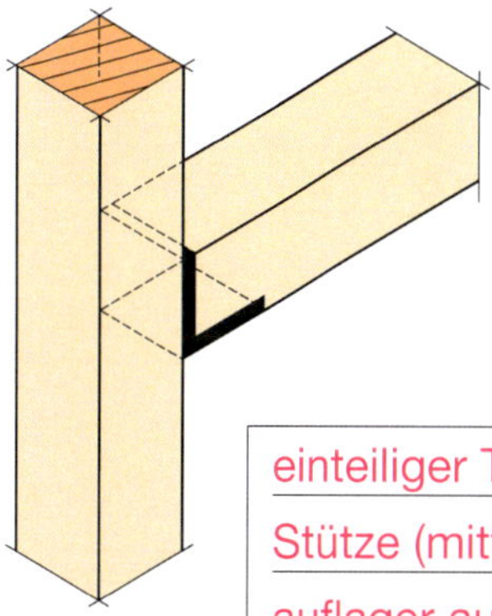

einteiliger Träger an
Stütze (mittels Konsol-
auflager aus Stahl)

Beschreiben Sie, **wo** bei Skelettkonstruktionen waagerechte Kräfte wirken und **wie** diese aufgenommen werden können.

wo: Wandebene Dachebene

wie:
- Strebe
- diagonale Brettschalungen
- Beplankungen mit Holzwerkstoffen
- Verbände

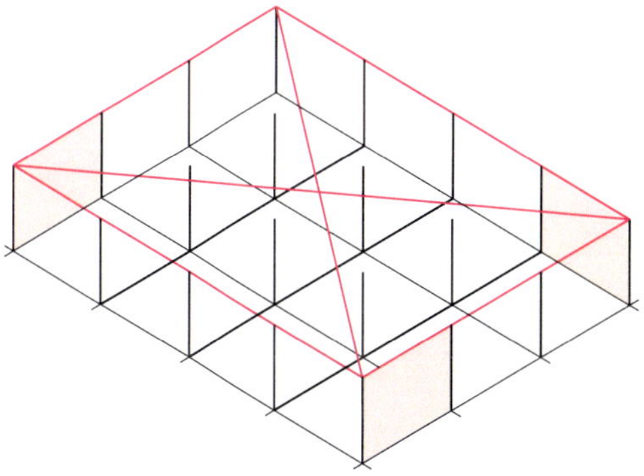

Name: Klasse: Datum:

8 Errichten einer tragenden Holzwand

Fenster

Informieren Sie sich im Lehrbuch, Abschnitt 8.4.

Ordnen Sie den Fenstern des Projekthauses die Öffnungsarten zu.

Drehkippflügel

Kippflügel

Wendeflügel

Drehflügel

Bezeichnen Sie die Fensterkonstruktionen.

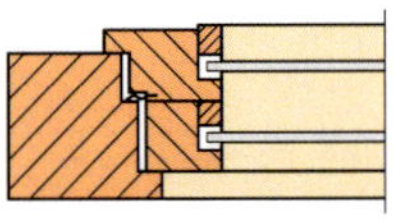

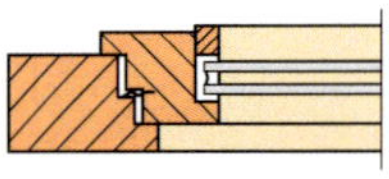

Verbundfenster

Einfachfenster

Kastenfenster

Was ist unter einer „Isolierverglasung“ zu verstehen?

- bestehen aus 2 oder 3 Scheiben
- Scheibenabstand 6 … 16 mm
- Scheibenzwischenraum mit Luft oder Edelgas gefüllt

Fensteranschluss und Fensterlaibung beim Holzrahmenbau INNENBEREICH.

Klären Sie mit Ihren Mitschülerinnen/Mitschülern die Aufgabe der Klebebänder.

luftdichter Anschluss des Fensters

luftdichte Abklebung von Ecken und Stößen der OSB-Beplankung

innere Beplankung OSB

Unterkonstruktion für zusätzliche Installationsebene, z. B. für Elektroleitungen

Name: ______ Klasse: ______ Datum: ______

9 Einziehen einer leichten Trennwand

1. Bezeichnen Sie die dargestellten Trennwandkonstruktionen und benennen Sie die mit Ziffern gekennzeichneten Konstruktions- bzw. Bauteile.

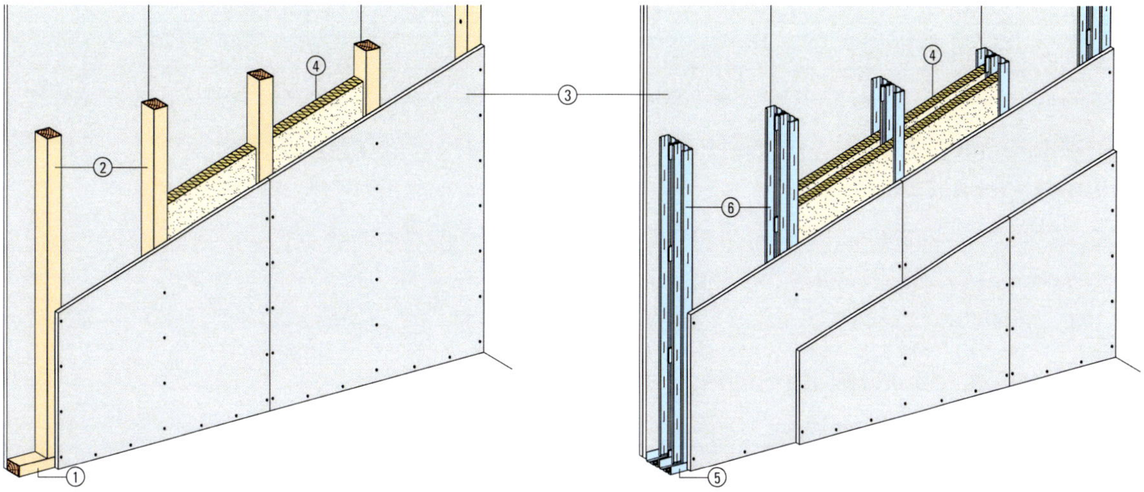

Einfachständerwand aus Holz,
einlagig beplankt

Doppelständerwand aus Metall,
zweilagig beplankt

1 Unterkonstruktion, Anschluss aus Holz, 40 mm × 60 mm
2 Ständer aus Holz, 60 mm × 60 mm
3 Beplankung, z. B. mit Gipsplatten
4 Dämmung
5 Unterkonstruktion, Anschluss aus Metall, UW-Profil
6 Ständer aus Metall, CW-Profil

2. Zeichnen Sie im Maßstab 1 : 5 den Horizontalschnitt (Plattenstoß und Wandecke) durch eine Einfachständerwand aus Holz mit doppelter Beplankung.

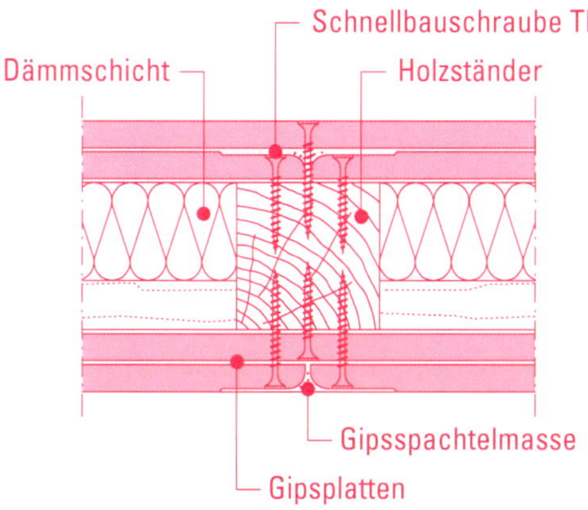

Plattenstoß

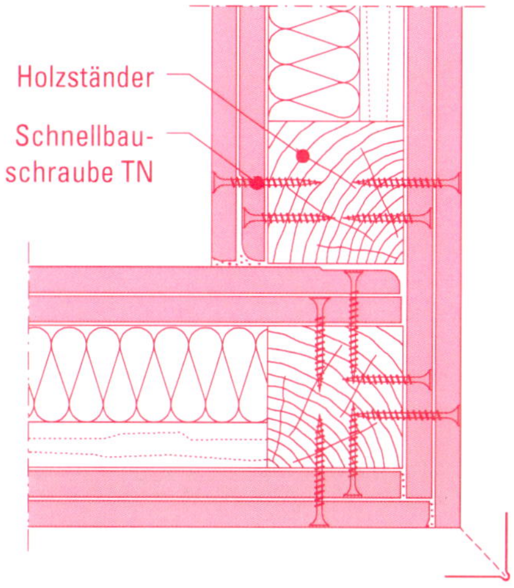

Wandecke

Name:

Klasse:

Datum:

9 Einziehen einer leichten Trennwand

Plattenförmige Werkstoffe

Nennen Sie sechs plattenförmige Werkstoffe, die für die Beplankung einer leichten Trennwand infrage kommen.

Sperrholzplatten – Spanplatten – Holzfaserplatten – Holzwolle-Platten – Gipsplatten – faserverstärkte Gipsplatten

Welche Eigenschaften müssen Sperrholzplatten besitzen, wenn sie im Feuchtbereich (z. B. in Bädern) eingebaut werden?

Die Platten müssen der Gebrauchsklasse 1 oder 2 zugeteilt werden und die Verklebung muss den Anforderungen der Verklebungsklasse 2 entsprechen.

Erklären Sie den Aufbau der in der Zeichnung dargestellten Spanplatte.

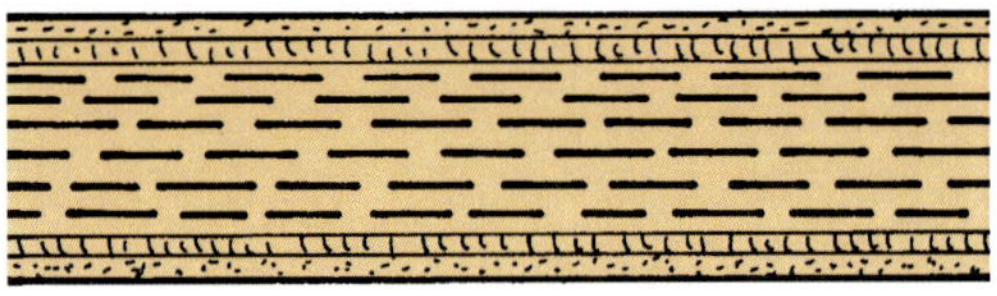

Es handelt sich um eine Fünfschichtplatte, deren äußere Schichten aus sehr dünnen und die inneren Deckschichten aus feinen Spänen bestehen, die Mittelschicht dagegen ist aus groben Spänen zusammengesetzt.

Erläutern Sie die Bezeichnung „OSB/4".

OSB steht für die englische Bezeichnung „Oriented Strand Boards". Sie bestehen aus langen, schlanken, ausgerichteten Spänen. Platten mit der Ziffer 4 sind hoch belastbare Platten für tragende Zwecke im Feuchtbereich.

Geben Sie für die dargestellten Kantenausbildungen von Gipsplatten die jeweilige Bezeichnung an.

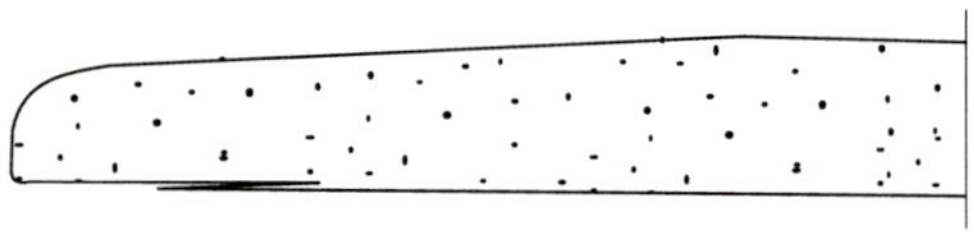

halbrunde abgeflachte Kante (HRAK) für zu verspachtelnde Fugen

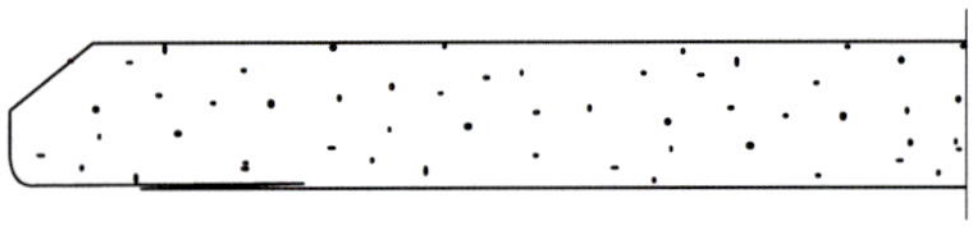

Winkelkante (WK) für Trockenmontage ohne Verspachtelung

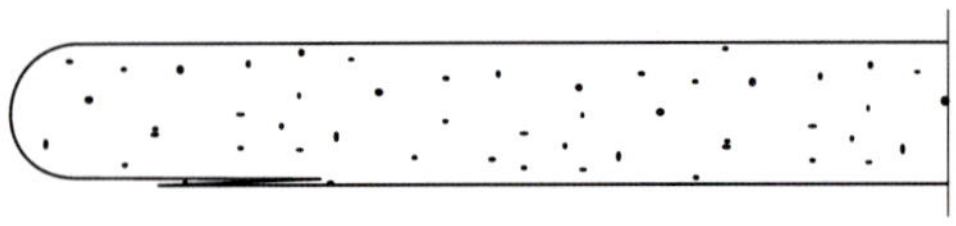

runde Kante (RK) für Putzträgerplatten

Welche Eigenschaften besitzt eine Gipsplatte des Typs H und wo wird sie eingesetzt?

Die Gipsplatte erhält Zusätze, die die Wasseraufnahmefähigkeit reduzieren. Die Platten sind für Feuchträume und Räume mit erhöhter Luftfeuchtigkeit geeignet.

Name:	Klasse:	Datum:

In der Zeichnung ist der Anschluss einer leichten Trennwand an eine Massivdecke dargestellt.

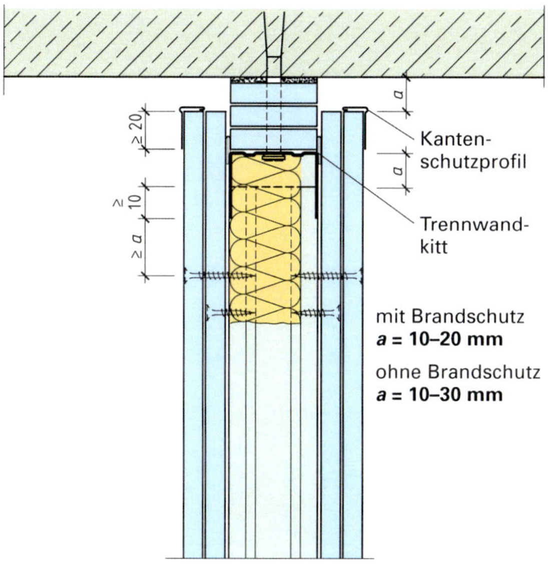

a) Um welche Anschlussart handelt es sich?

gleitender Anschluss zwischen Decke und Trennwand

b) Welche besonderen Anforderungen werden durch die Trennwand erfüllt?

Brand-, Wärme- und Schallschutzanforderungen

c) Wann werden gleitende Deckenanschlüsse vorgesehen?

bei Deckendurchbiegungen von mehr als 10 mm

Skizzieren Sie den Anschluss einer Abseitenwand (Drempel) an die Massivdecke.
Eingebaut wird eine Holzständerwand, einseitig beplankt.

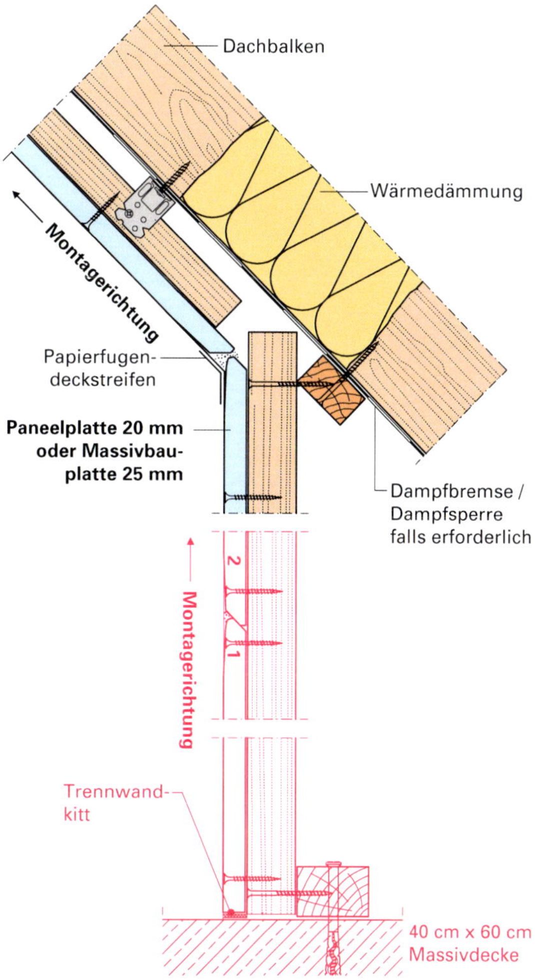

Name: | Klasse: | Datum:

9 Einziehen einer leichten Trennwand

Arbeitsschritte und Materialbedarf

Geben Sie mit Kleinbuchstaben von a bis f die Montageschritte für die Herstellung einer leichten Trennwand in der richtigen zeitlichen Reihenfolge an.

Einbau der Ständerprofile	c
Beplankung auf der ersten Wandseite	d
Befestigung der Anschlussprofile	b
Einmessen und Anreißen der Wand	a
Beplankung auf der zweiten Wandseite	f
Einbau der Hohlraumdämpfung	e

Kennzeichnen Sie die Metallprofile, die bei Türöffnungen eingesetzt werden.

oberer Türpfostensteckwinkel

Türsturzprofil

UA-Profil

unterer Türsteckwinkel

Ermitteln Sie für die Abseitenwände des Projekthauses den Materialbedarf (Gipsplatten 2000 mm/1250 mm/12,5 mm), Fugengips, Holzständer, Anschlusshölzer, Dübelverankerungen, Anschlussdichtung, Schnellbauschrauben). Das Aufmaß für die Abseitenwände ergibt 14,10 m². Die Einfachständerwände werden einlagig beplankt, für Verschnitt und Verlust werden pauschal 12 % angesetzt.

Lösung:

Gipsplatten	$= 2{,}0\ m^2/m^2 \cdot 14{,}1\ m^2 \cdot 1{,}12$	$= 31{,}584$	= 32 Platten
Fugengips (25 kg/Sack)	$= 0{,}5\ kg/m^2 \cdot 14{,}1\ m^2 \cdot 1{,}12$	$= 7{,}896$ kg	= 1 Sack
Holzständer	$= 1{,}5\ m/m^2 \cdot 14{,}1\ m^2 \cdot 1{,}12$		= 23,688 m
Anschlusshölzer	$= 1{,}2\ m/m^2 \cdot 14{,}1\ m^2 \cdot 1{,}12$		= 18,950 m
Dübelverankerungen	$= 1{,}5$ Stück/m² $\cdot 14{,}1\ m^2 \cdot 1{,}12$	$= 23{,}688$	= 24 Stück
Anschlussdichtung	$= 1{,}2\ m/m^2 \cdot 14{,}1\ m^2 \cdot 1{,}12$		= 18,950 m
Schnellbauschrauben	$= 29$ Stück/m² $\cdot 14{,}1\ m^2 \cdot 1{,}12$	$= 457{,}968$	= 458 Stück

Name: ______ Klasse: ______ Datum: ______

10 Einbauen einer Holzbalkendecke

Informieren Sie sich im Lehrbuch, Abschnitt 10.1.

Welche Vorteile besitzen Holzbalkendecken gegenüber Stahlbetondecken?

Geringe Eigenlast, sie werden schnell und trocken hergestellt.

Balkenlagen

Es wird zwischen folgenden Balkenlagen unterschieden: (Tragen Sie die Überschriften ein.)

Kehlbalkenlage	Geschossbalkenlage	Dachbalkenlage
Sie kommen vor allem bei Kehlbalkendächern vor und sie trennen das Dachgeschoss vom Spitzboden. Die Anforderungen hinsichtlich des Schallschutzes sind im Allgemeinen gering.	Sie trennen zwei Geschosse voneinander und dienen als Fußboden und Decke. Trennen sie zwei voneinander unabhängige Wohnungen, so werden an sie erhöhte Schallschutzanforderungen gestellt.	Sie schließen Gebäude nach oben ab und sind der tragende Teil der obersten Decke und des Daches. Sie kommen bei Flachdächern vor und müssen dort besonders wärmedämmend ausgebildet werden.

Bezeichnung der Deckenbalken

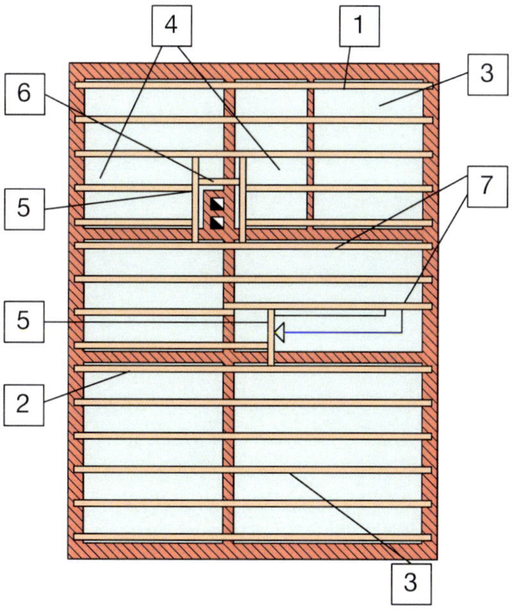

1 Giebelbalken
2 Streichbalken
3 Zwischenbalken
4 Stichbalken
5 Wechsel
6 Füllholz
7 Wechselbalken

Balkenlagen beim Holzskelettbau (Tragen Sie die Begriffe ein.)

Nebenträger

Hauptträger

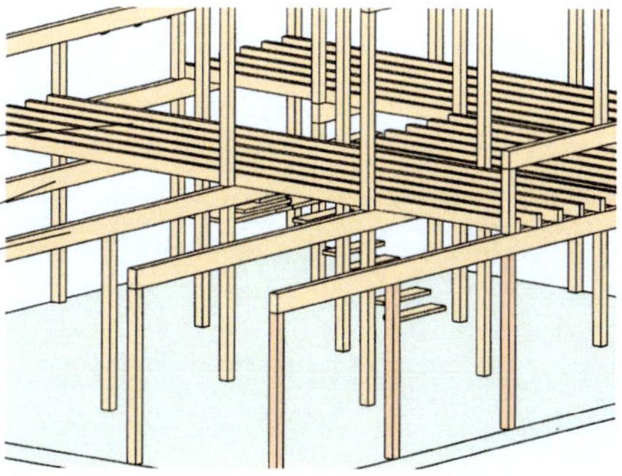

Name: ____________ Klasse: ____________ Datum: ____________

10 Einbauen einer Holzbalkendecke

Bauphysikalische Anforderungen

Informieren Sie sich im Lehrbuch, Abschnitt 10.1.

Bauphysikalische Anforderungen an Holzbalkendecken
(Tragen Sie die Begriffe als Überschriften ein.)

Schallschutz	Tragfähigkeit	Brandschutz

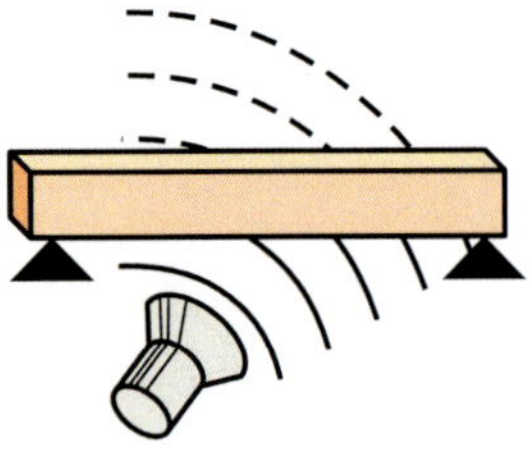
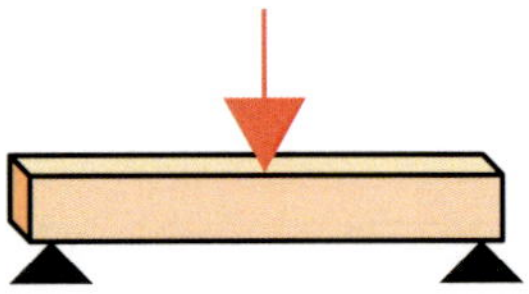
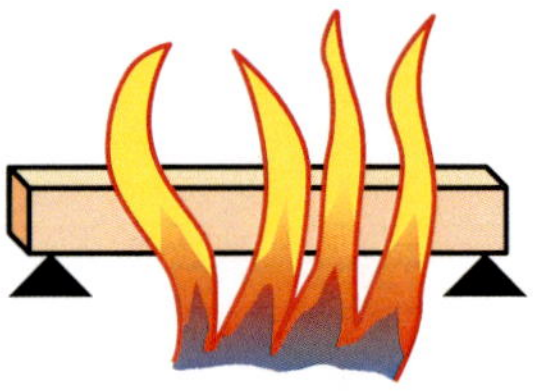

Welche Anforderungen werden jeweils an Holzbalkendecken gestellt?

Schalldämm-Maß ≥ 54 (bei Wohnungstrenn-decken)	Durchbiegung ≤ l/300	Feuerwiderstandsklasse ≥ F 30

Erklären Sie die Bedeutung von **F 30** für eine Holzbalkendecke.

Die Decken müssen im Falle eines Brands dem Feuer mind. 30 Minuten widerstehen.

Wie viele cm darf sich ein Holzbalken einer Decke bei maximaler Belastung höchstens durchbiegen, wenn er eine Spannweite von 4,50 m besitzt?

$$f = \frac{450 \text{ cm}}{300} = 1{,}5 \text{ cm}$$

Die drei Balkenquerschnitte besitzen alle eine Querschnittsfläche von 200 cm². Welcher der drei Balkenquerschnitte hat bei gleicher Belastung und gleicher Spannweite die geringste Durchbiegung? (Kreuzen Sie an.)

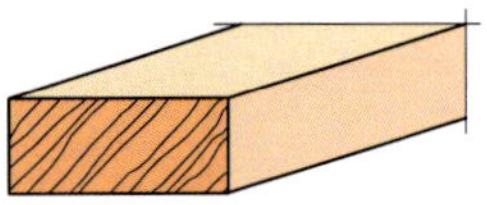
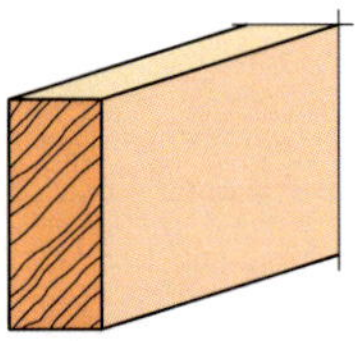
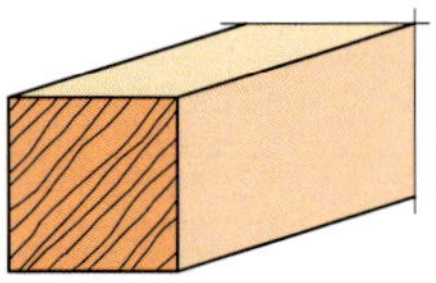

○ ⊗ ○

Durch welche konstruktiven Maßnahmen kann bei Holzbalkendecken
a) der Trittschallschutz erhöht werden?

Einbau einer weichfedernden Lage unterhalb des Fußbodens. Schwimmend verlegter Fußboden.

b) der Luftschallschutz erhöht werden?

– schwere Deckenfüllung (z. B. Sand)
– Betonplatten im Fußbodenaufbau
– über Federbügel abgehängte Unterdecke

Name: ____________ Klasse: ____________ Datum: ____________

Einfaches Blatt, Isometrie	10 Einbauen einer Holzbalkendecke

Vervollständigen Sie die Isometrie.

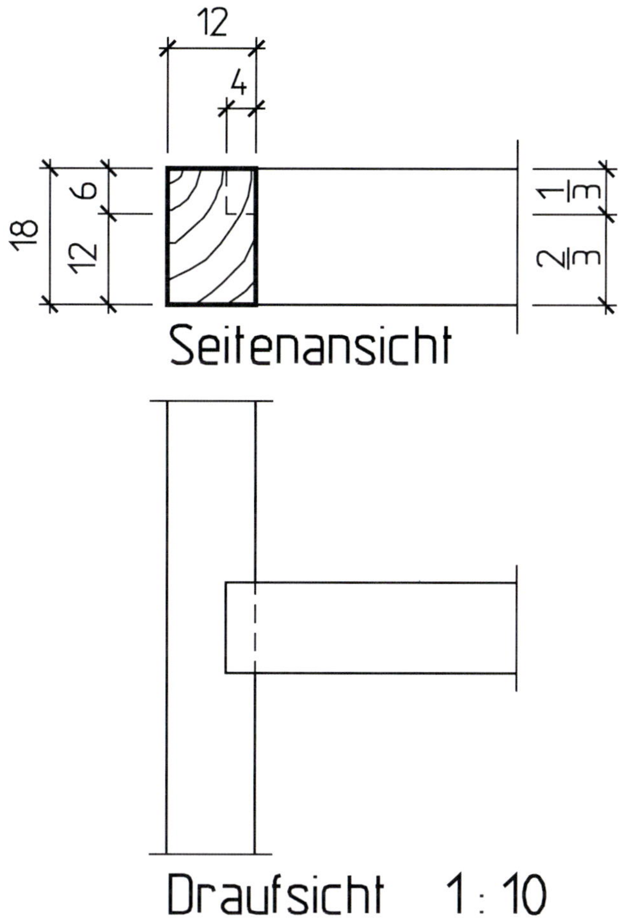

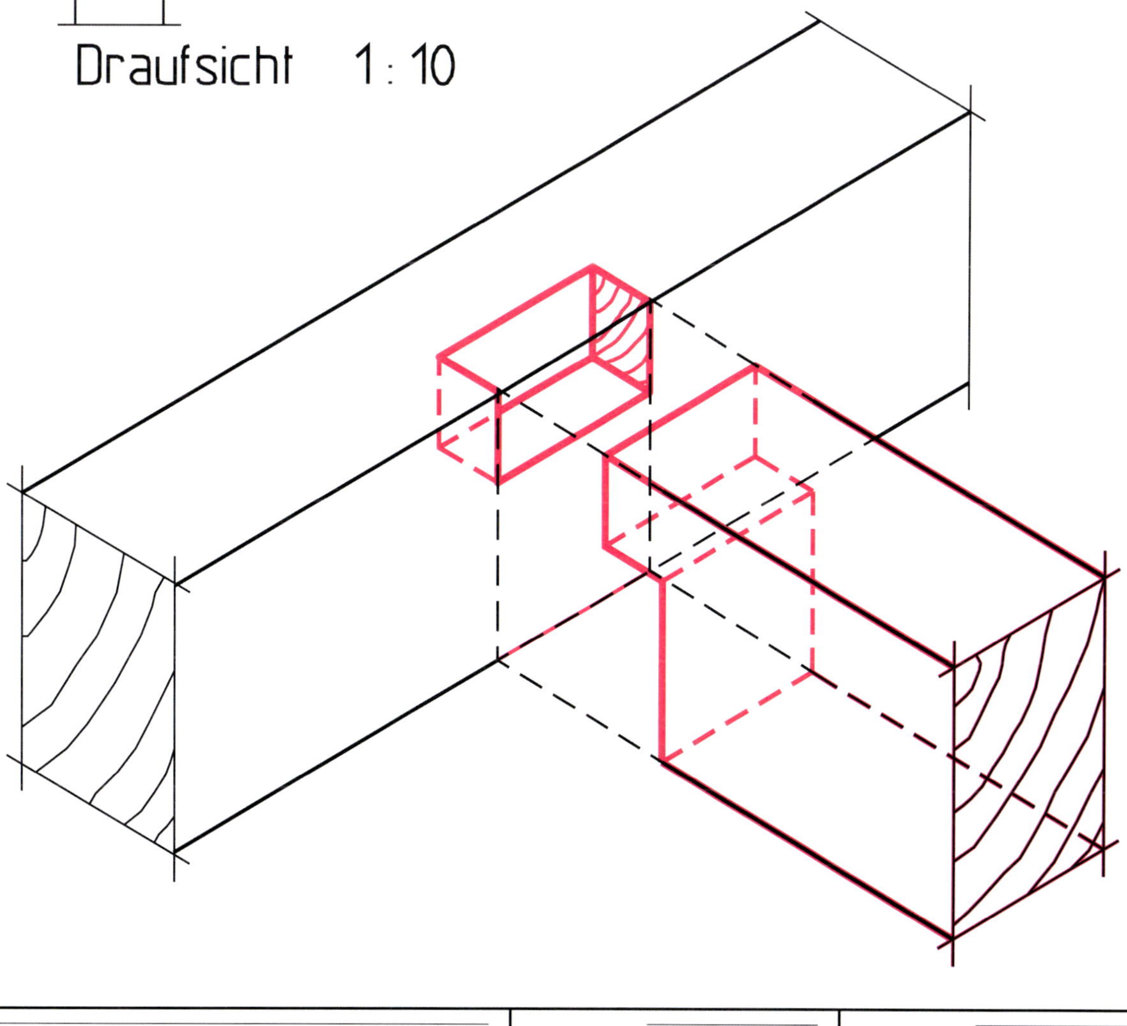

Name:

Klasse:

Datum:

10 Einbauen einer Holzbalkendecke

Einfacher Zapfen, Isometrie

Vervollständigen Sie die Isometrie.

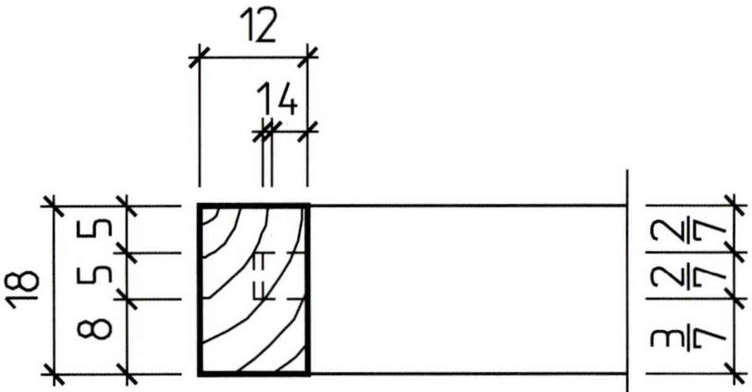

Seitenansicht

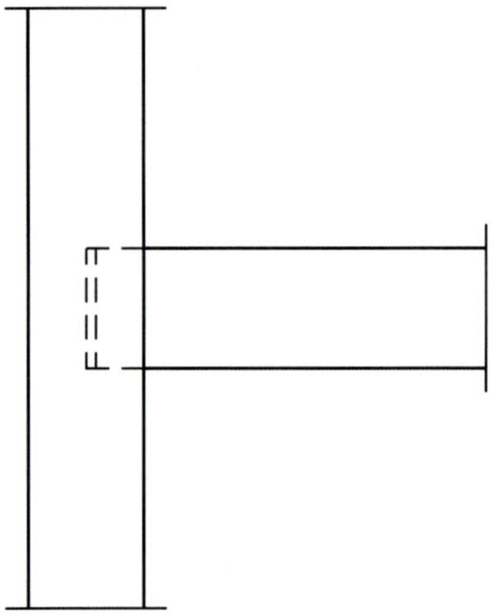

Draufsicht 1 : 10

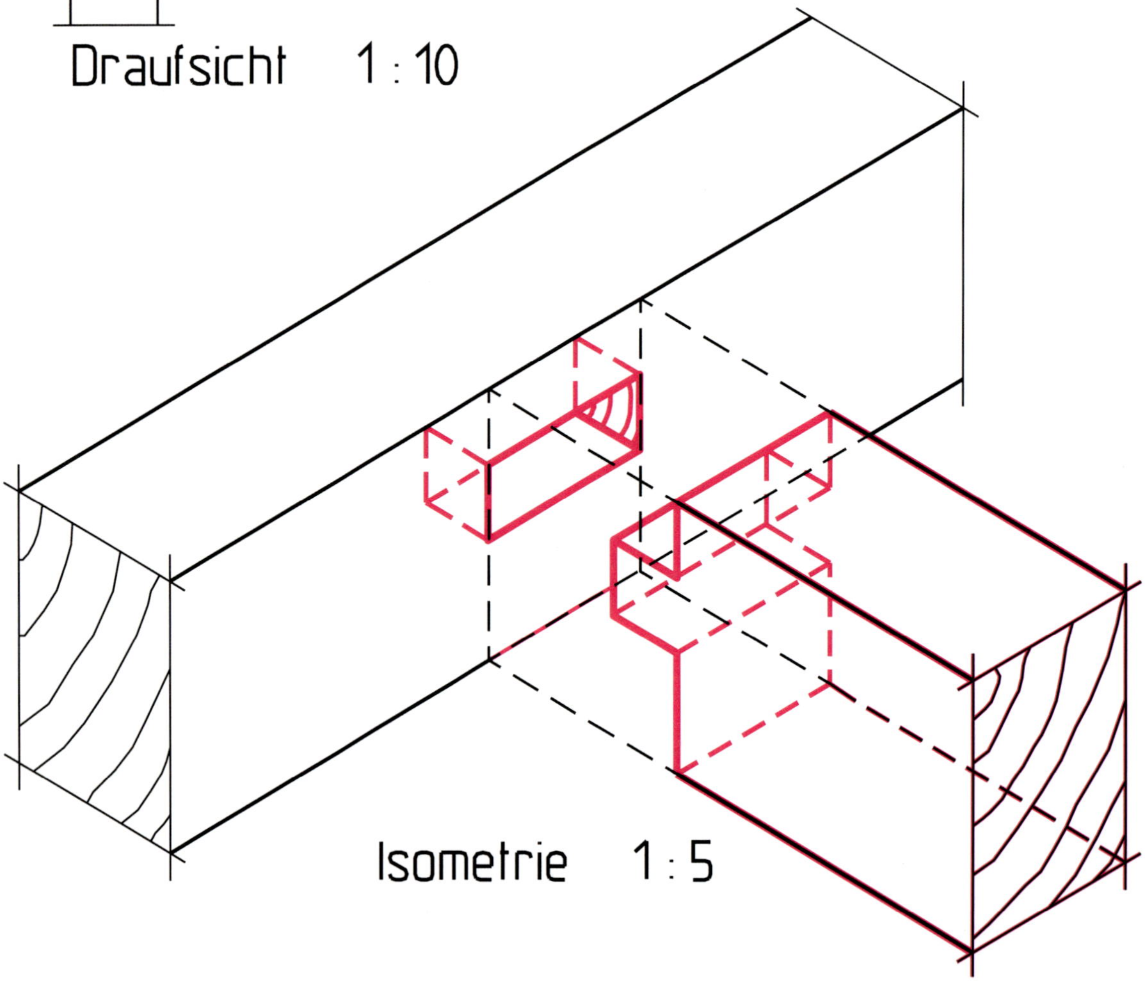

Isometrie 1 : 5

Name: ____________ Klasse: ____________ Datum: ____________

Vervollständigen Sie die Isometrie.

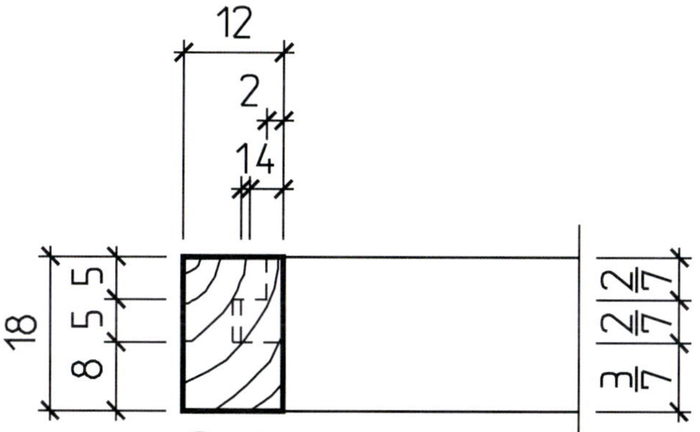

Seitenansicht

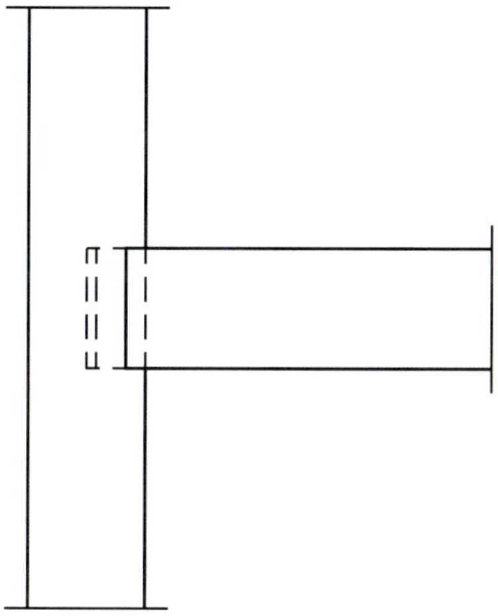

Draufsicht 1 : 10

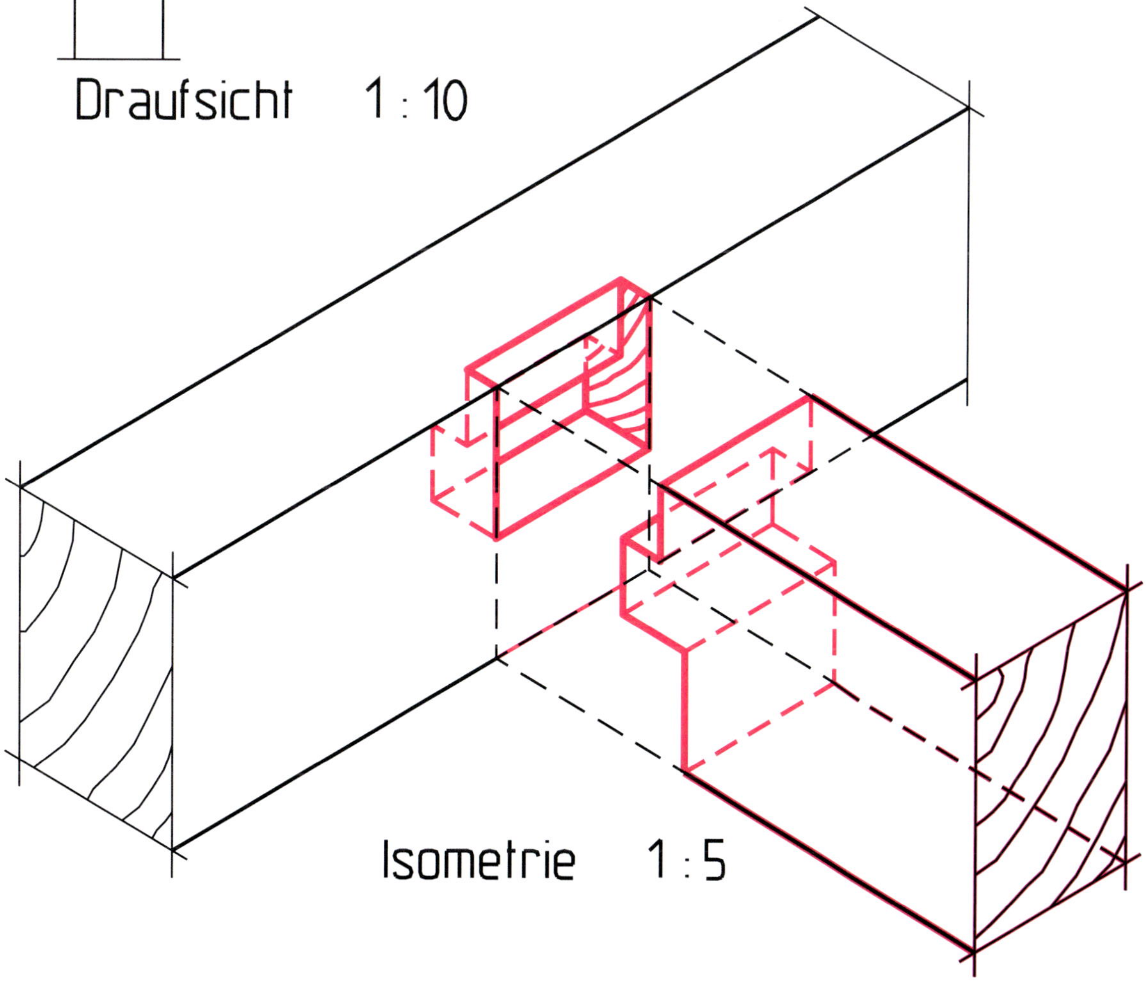

Isometrie 1 : 5

Name:	Klasse:	Datum:

Vervollständigen Sie die Isometrie.

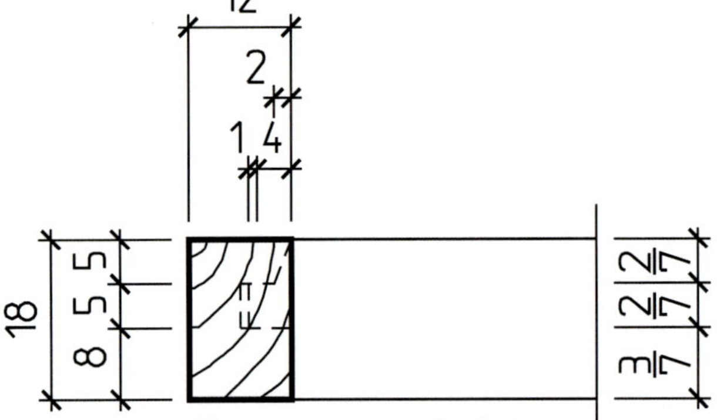

Seitenansicht

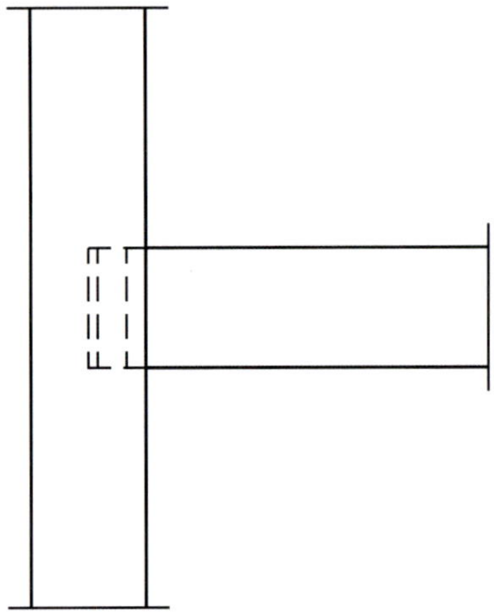
Draufsicht 1 : 10

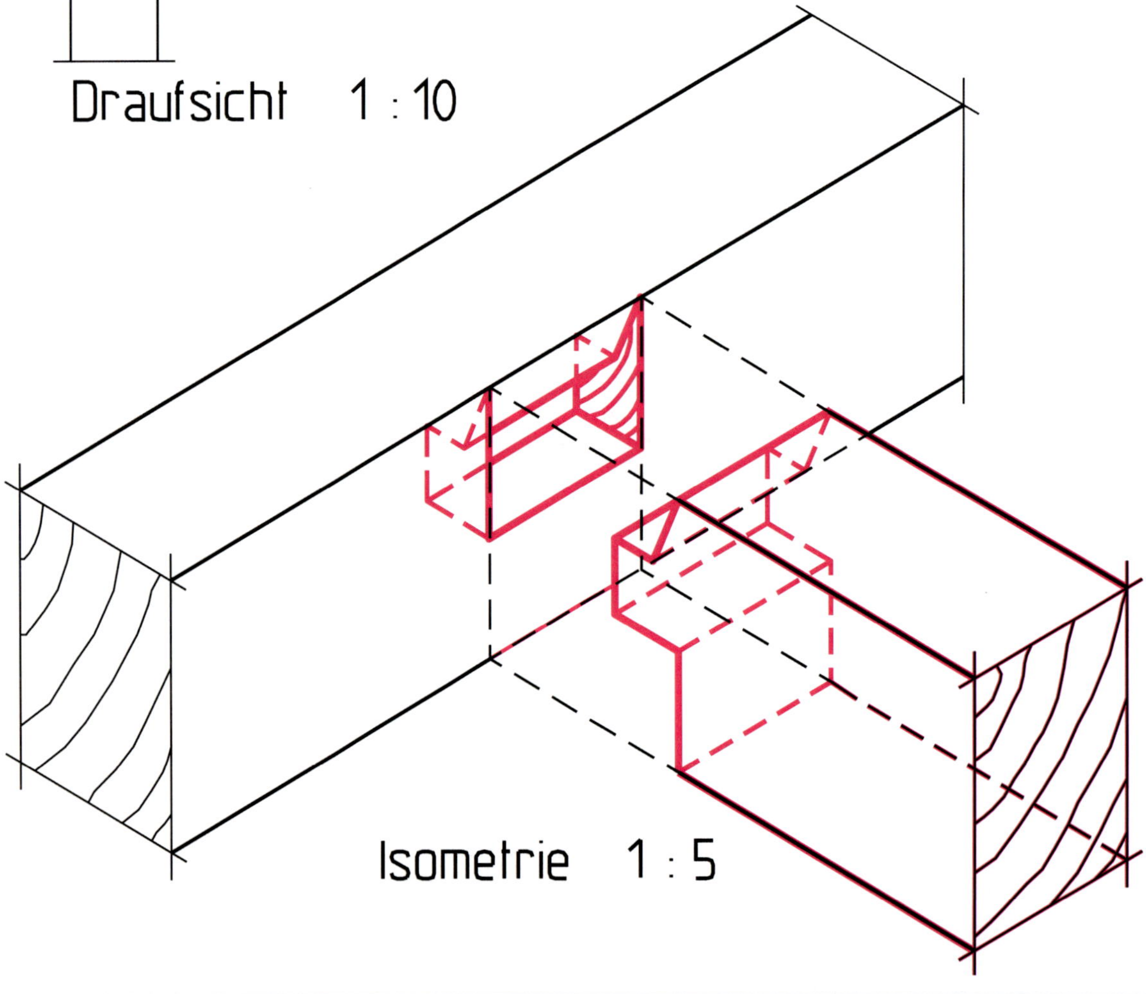
Isometrie 1 : 5

Name:	Klasse:	Datum:

Informieren Sie sich im Lehrbuch, Abschnitt 10.1.9.

Holzbalkendecken können auf zwei grundsätzlich verschiedene Arten konstruiert werden:

Holzbalkendecken mit unterseitiger Beplankung	Holzbalkendecken mit sichtbaren Balken

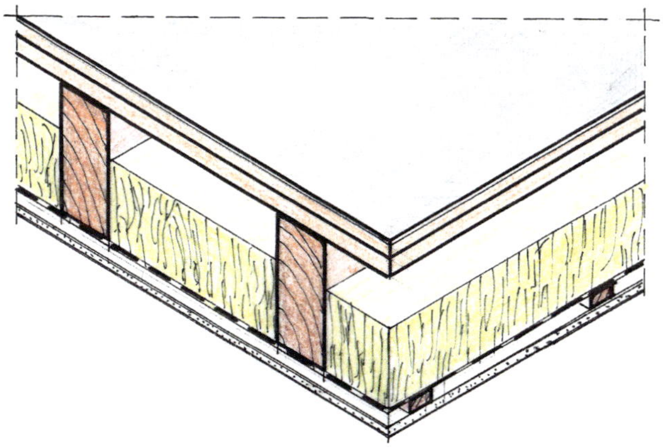

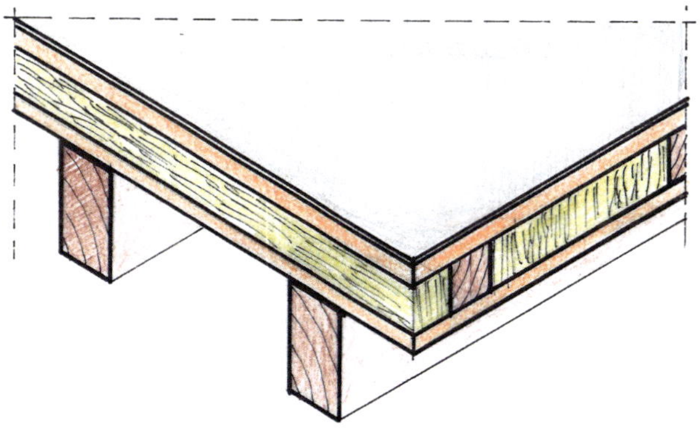

(schematische Abbildungen)

Vervollständigen Sie die Zeichnung (Querschnitt) einer Holzbalkendecke, die die Anforderungen an Decken für Einfamilienhäuser erfüllt.
Bezeichnen Sie die einzelnen Schichten.

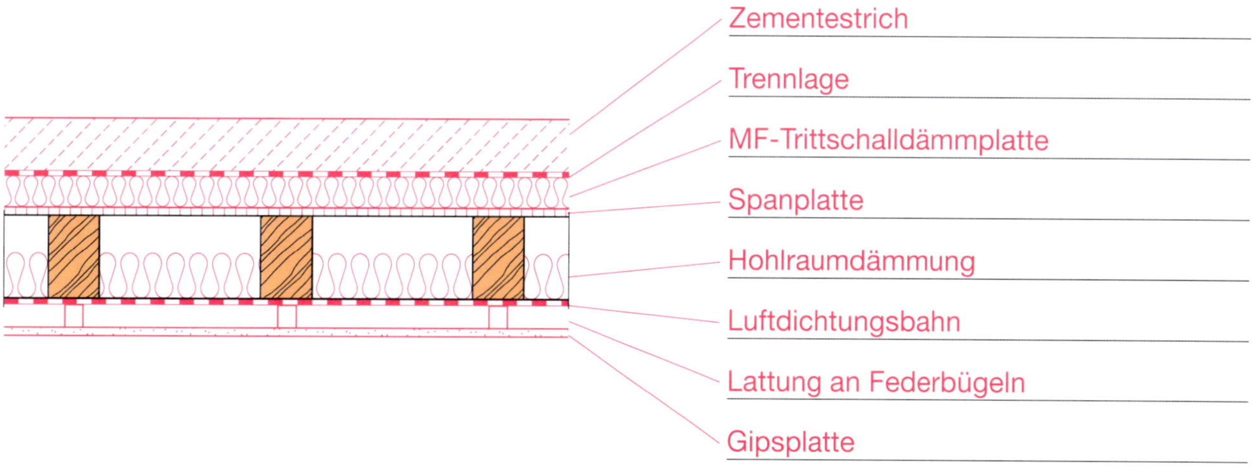

Vervollständigen Sie die Zeichnung (Querschnitt) einer Holzbalkendecke, die die Anforderungen an Wohnungstrenndecken erfüllt.
Bezeichnen Sie die einzelnen Schichten.

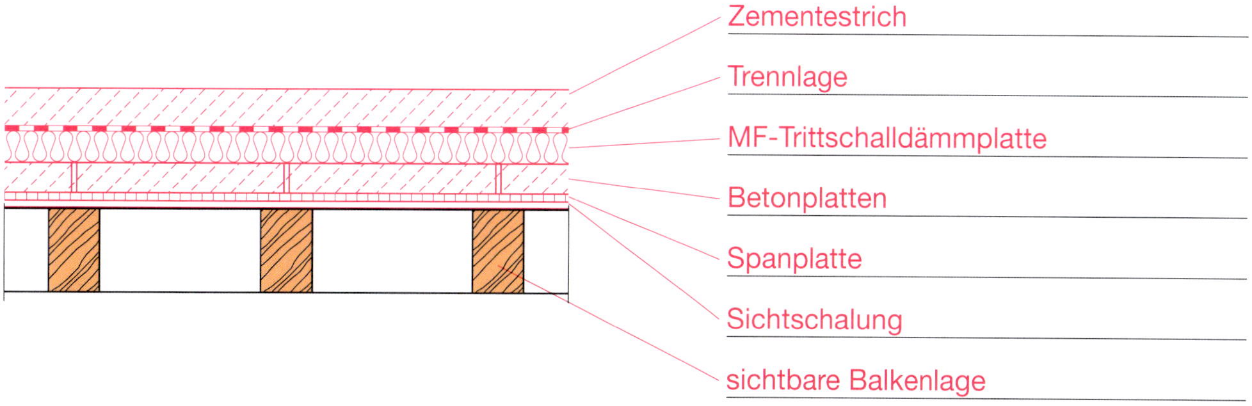

Name:	Klasse:	Datum:

10 Einbauen einer Holzbalkendecke

Auflagerkräfte I

Informieren Sie sich im Lehrbuch, Abschnitt 10.3.

Für den Balken einer Decke sollen die Auflagerkräfte A und B ermittelt werden.

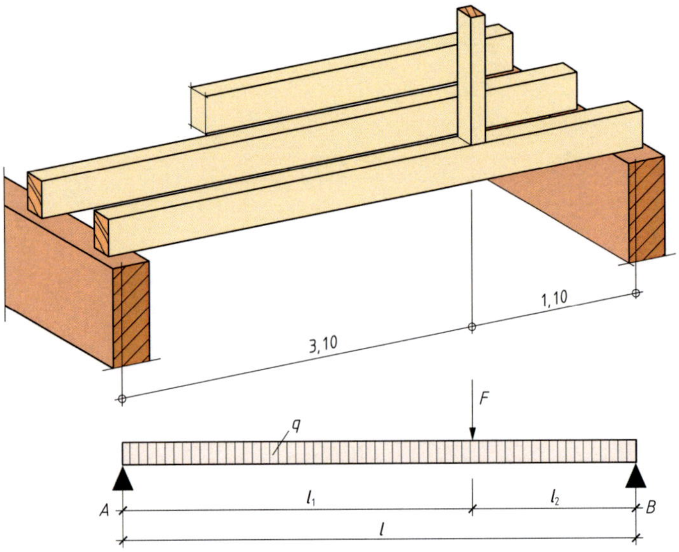

Belastung des Deckenbalkens:

Eigenlast des Balkens und der anteiligen Deckenfüllung, des anteiligen Belags und der Beplankung 0,45 kN/m

anteilige Nutzlast (Personen, Möbel usw.) 1,30 kN/m

Streckenlast q = 1,75 kN/m

Dachlast (Pfosten) F = 2,80 kN

Drehpunkt am Auflager ***B***:

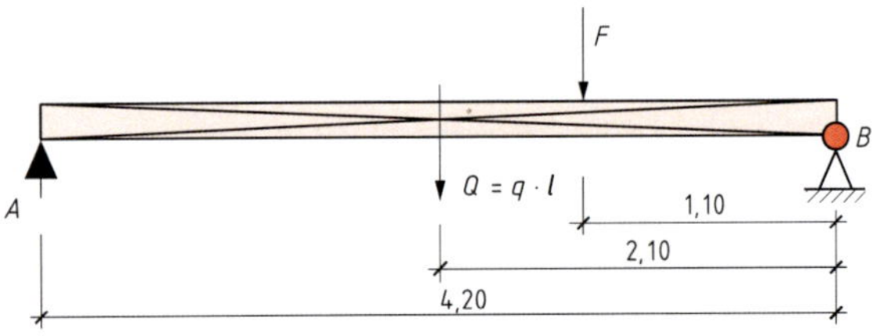

Die Streckenlast q wird in eine Einzellast, die in Trägermitte angreift, umgerechnet.

$Q = q \cdot l$

Q = 1,75 kN/m · 4,20 m

Q = 7,35 kN

$$A \cdot l = Q \cdot \frac{l}{2} + F \cdot l_2; \quad A = \frac{Q \cdot \frac{l}{2} + F \cdot l_2}{l}$$

$$A = \frac{7{,}35\ \text{kN} \cdot 2{,}10\ \text{m} + 2{,}80\ \text{kN} \cdot 1{,}10\ \text{m}}{4{,}20\ \text{m}} = 4{,}41\ \text{kN}$$

Drehpunkt am Auflager ***A***:

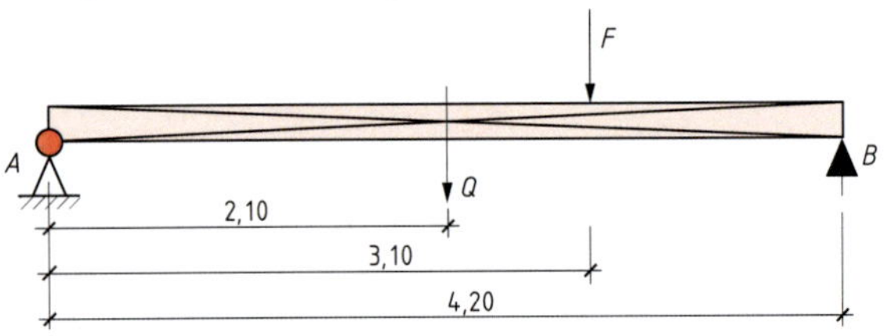

$$B \cdot l = Q \cdot \frac{l}{2} + F \cdot l_1; \quad B = \frac{Q \cdot \frac{l}{2} + F \cdot l_1}{l}$$

$$B = \frac{7{,}35\ \text{kN} \cdot 2{,}10\ \text{m} + 2{,}80\ \text{kN} \cdot 3{,}10\ \text{m}}{4{,}20\ \text{m}} = 5{,}74\ \text{kN}$$

Probe: $\Sigma V = 0$; 7,35 kN + 2,80 kN – 4,41 kN – 5,74 kN = 0

Name: Klasse: Datum:

10 Einbauen einer Holzbalkendecke

Ermitteln Sie die Auflagerkräfte.

Aufgabe 1

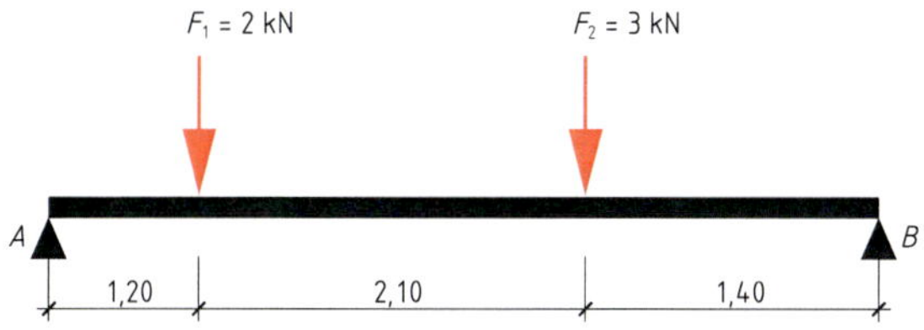

Drehpunkt bei *B*:

$A \cdot l = 3\ \text{kN} \cdot 1{,}40\ \text{m} + 2\ \text{kN} \cdot 3{,}50\ \text{m}$

$A = \dfrac{3\ \text{kN} \cdot 1{,}40\ \text{m} + 2\ \text{kN} \cdot 3{,}50\ \text{m}}{4{,}70\ \text{m}} = 2{,}38\ \text{kN}$

Drehpunkt bei *A*:

$B \cdot l = 2\ \text{kN} \cdot 1{,}20\ \text{m} + 3\ \text{kN} \cdot 3{,}30\ \text{m}$

$B = \dfrac{2\ \text{kN} \cdot 1{,}20\ \text{m} + 3\ \text{kN} \cdot 3{,}30\ \text{m}}{4{,}70\ \text{m}} = 2{,}62\ \text{kN}$

Aufgabe 2

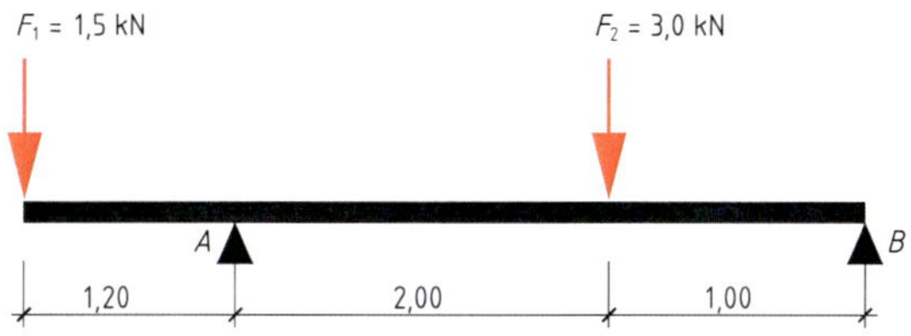

Drehpunkt bei *B*:

$A \cdot l = 1{,}50\ \text{kN} \cdot 4{,}20\ \text{m} + 3{,}0\ \text{kN} \cdot 1{,}00\ \text{m}$

$A = \dfrac{1{,}50\ \text{kN} \cdot 4{,}20\ \text{m} + 3{,}0\ \text{kN} \cdot 1{,}00\ \text{m}}{3{,}00\ \text{m}} = 3{,}10\ \text{kN}$

Drehpunkt bei *A*:

$B \cdot l = 3{,}0\ \text{kN} \cdot 2{,}00\ \text{m} - 1{,}5\ \text{kN} \cdot 1{,}20\ \text{m}$

$B = \dfrac{3{,}0\ \text{kN} \cdot 2{,}00\ \text{m} - 1{,}5\ \text{kN} \cdot 1{,}20\ \text{m}}{3{,}00\ \text{m}} = 1{,}40\ \text{kN}$

Aufgabe 3

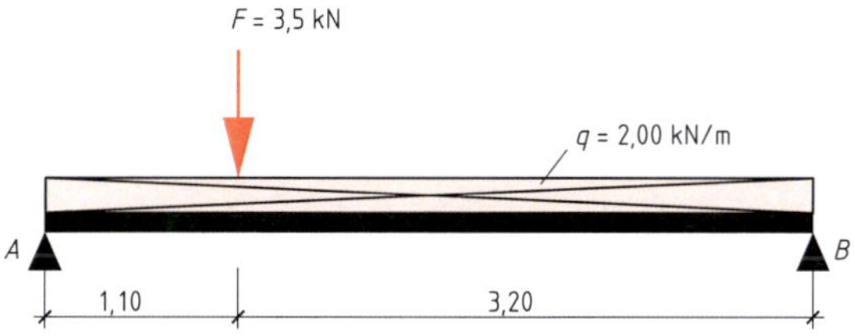

$Q = q \cdot l;\quad Q = 2{,}00\ \dfrac{\text{kN}}{\text{m}} \cdot 4{,}30\ \text{m} = 8{,}60\ \text{kN}$

Drehpunkt bei *B*:

$A \cdot l = 8{,}60\ \text{kN} \cdot 2{,}15\ \text{m} + 3{,}5\ \text{kN} \cdot 3{,}20\ \text{m}$

$A = \dfrac{8{,}60\ \text{kN} \cdot 2{,}15\ \text{m} + 3{,}5\ \text{kN} \cdot 3{,}20\ \text{m}}{4{,}30\ \text{m}} = 6{,}90\ \text{kN}$

Drehpunkt bei *A*:

$B \cdot l = 3{,}5\ \text{kN} \cdot 1{,}10\ \text{m} + 8{,}60\ \text{kN} \cdot 2{,}15\ \text{m}$

$B = \dfrac{3{,}5\ \text{kN} \cdot 1{,}10\ \text{m} + 8{,}60\ \text{kN} \cdot 2{,}15\ \text{m}}{4{,}30\ \text{m}} = 5{,}20\ \text{kN}$

Aufgabe 4

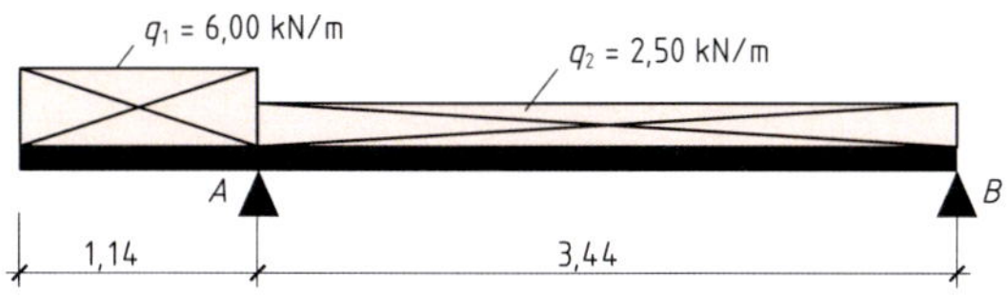

$Q_1 = 6{,}00\ \dfrac{\text{kN}}{\text{m}} \cdot 1{,}14\ \text{m} = 6{,}84\ \text{kN}$

$Q_2 = 2{,}50\ \dfrac{\text{kN}}{\text{m}} \cdot 3{,}44\ \text{m} = 8{,}60\ \text{kN}$

Drehpunkt bei *B*:

$A \cdot l = 6{,}84\ \text{kN} \cdot 4{,}01\ \text{m} + 8{,}60\ \text{kN} \cdot 1{,}72\ \text{m}$

$A = \dfrac{6{,}84\ \text{kN} \cdot 4{,}01\ \text{m} + 8{,}60\ \text{kN} \cdot 1{,}72\ \text{m}}{3{,}44\ \text{m}} = 12{,}27\ \text{kN}$

Drehpunkt bei *A*:

$B \cdot l = 8{,}60\ \text{kN} \cdot 1{,}72\ \text{m} - 6{,}84\ \text{kN} \cdot 0{,}57\ \text{m}$

$B = \dfrac{8{,}60\ \text{kN} \cdot 1{,}72\ \text{m} - 6{,}84\ \text{kN} \cdot 0{,}57\ \text{m}}{3{,}44\ \text{m}} = 3{,}17\ \text{kN}$

Probe: $\Sigma V = 0$;

$6{,}84\ \text{kN} + 8{,}60\ \text{kN} - 12{,}27\ \text{kN} - 3{,}17\ \text{kN} = 0$

Name: ______ Klasse: ______ Datum: ______

10 Einbauen einer Holzbalkendecke

Zusammenfassung

Viel Freude beim Lösen des Kreuzworträtsels.

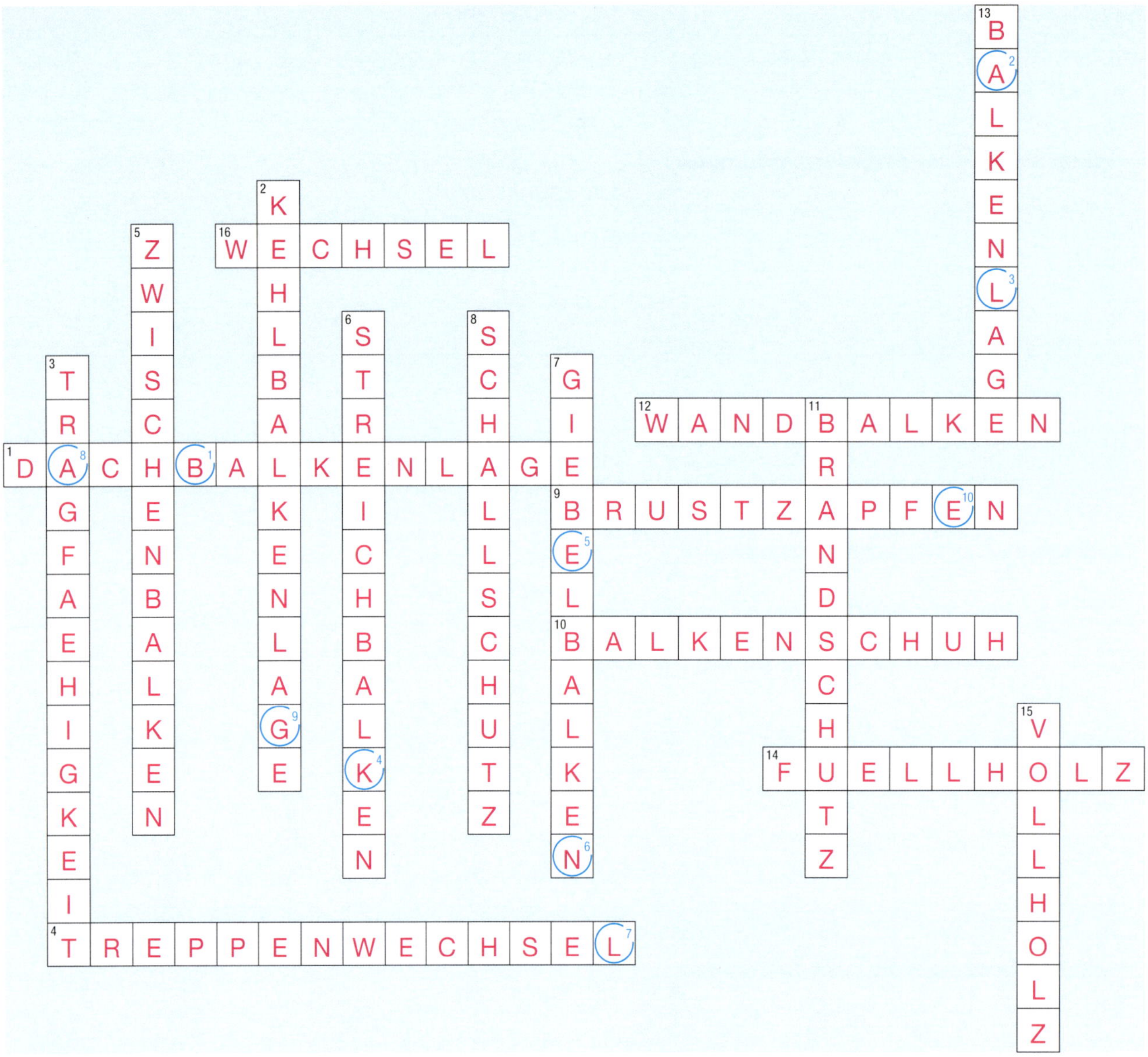

Waagerecht

1 Balkenlage eines Flachdaches
4 Wechsel bei Treppen
9 Querverbindung bei Deckenbalken
10 Blechformteil zur Querverbindung von Deckenbalken
12 Balken, die auf massiven Zwischenwänden liegen
14 erforderlich als Endauflager für Beplankung
16 Auflager für Stichbalken

Senkrecht

2 kommt bei Kehlbalkendächern vor
3 bauphysikalische Anforderung
5 Deckenbalken zwischen fest liegenden Balken
6 Balken, die neben aufgehenden Wänden liegen
7 Balken an den Giebelseiten eines Gebäudes
8 bauphysikalische Anforderung
11 bauphysikalische Anforderung
13 Verband aller Balken einer Decke
15 üblicher Werkstoff für Holzbalkendecken

Lösungswort:

1	2	3	4	5	6	7	8	9	10
B	A	L	K	E	N	L	A	G	E

Name: ______________ Klasse: ______________ Datum: ______________

11 Herstellen einer geraden Holztreppe

Informieren Sie sich im Lehrbuch, Abschnitt 11.2.

Vervollständigen Sie folgenden Text:

Bei der Planung einer Treppe muss darauf geachtet werden, dass sie sicher und bequem zu begehen ist.

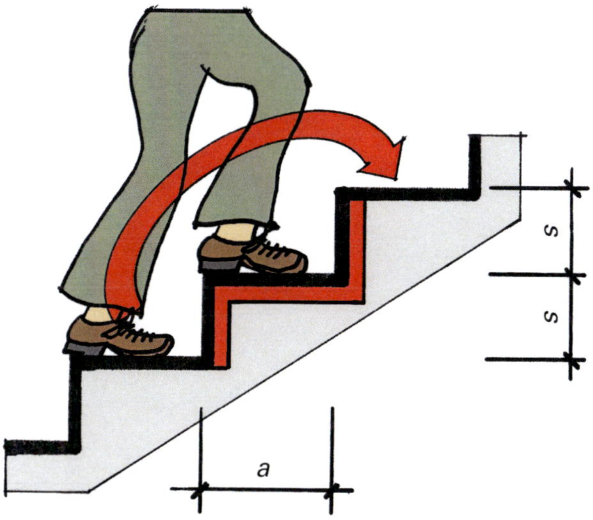

Treppenregeln

Schrittmaßregel:

$a + 2s \approx$ 59 cm – 65 cm

Sicherheitsregel:

$a + s \approx$ 46 cm

Bequemlichkeitsregel:

$a - s \approx$ 12 cm

Geben Sie die Bezeichnungen folgender Treppenformen an:

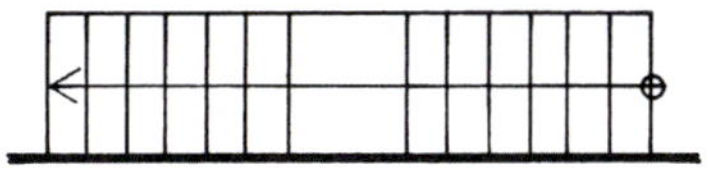

zweiläufige gerade Treppe

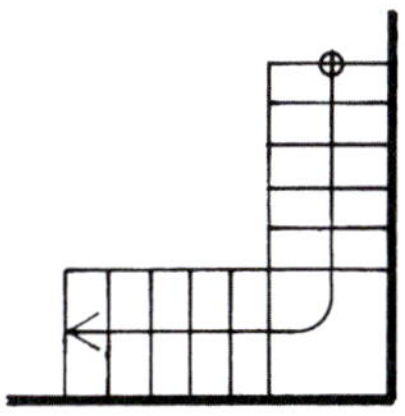

zweiläufige gewinkelte Treppe

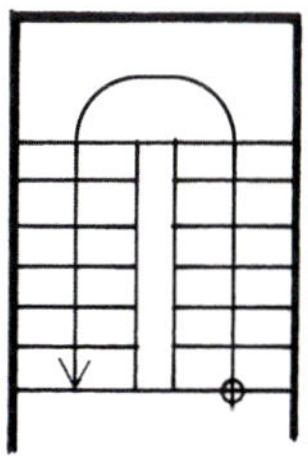

zweiläufige gegenläufige Treppe

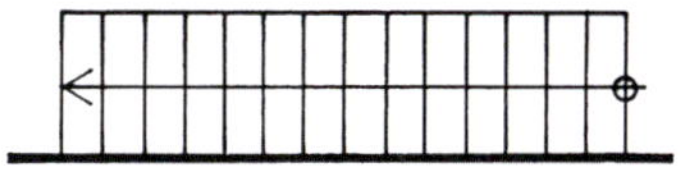

einläufige gerade Treppe

Skizzieren Sie eine dreiläufige, zweimal abgewinkelte Treppe mit Zwischenpodesten (als Rechtstreppe dargestellt).

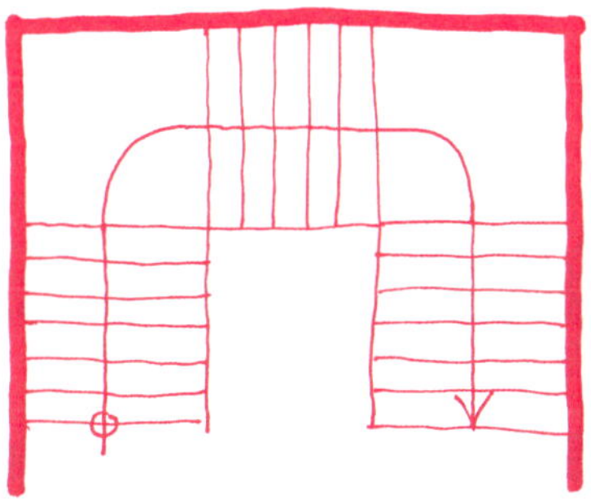

Name: | Klasse: | Datum:

11 Herstellen einer geraden Holztreppe

Grundlagen II

Berechnen Sie das Steigungsverhältnis nach der Schrittmaßregel für eine Treppe in einem Wohnhaus.
Geschosshöhe (OK Rohfußboden Erdgeschoss – Rohfußboden Obergeschoss) = 2,75 m

Fußbodenaufbau im Erdgeschoss:

Trittschalldämmschicht	= 4,0 cm
Zementestrich	= 5,5 cm
Fliesenbelag	= 1,0 cm

Fußbodenaufbau im Obergeschoss:

Trockenestrich	= 6,5 cm
Laminatbelag	= 1,0 cm

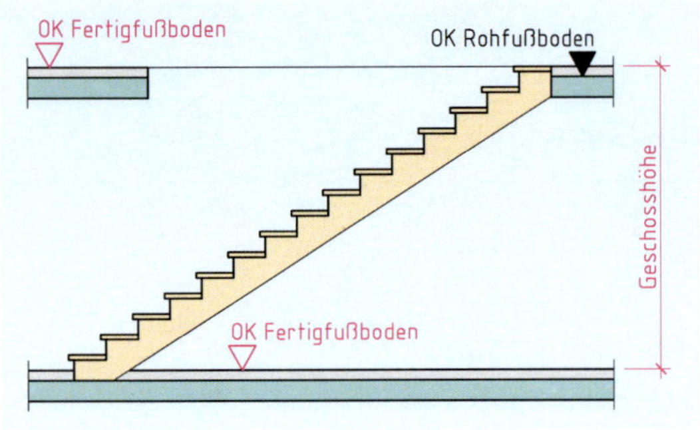

Lösung:

Geschosshöhe (Fertigmaß)
= 2,75 m – 0,105 m + 0,075 m = 2,72 m

Bei 16 Steigungen
s = 272 cm : 16 = 17 cm
a = 63 cm – 2 · 17 cm = 29 cm

Steigungsverhältnis
16 Steigungen 17/29

Konstruktionsarten von Holztreppen
Um welche Konstruktionsarten handelt es sich bei den Abbildungen?

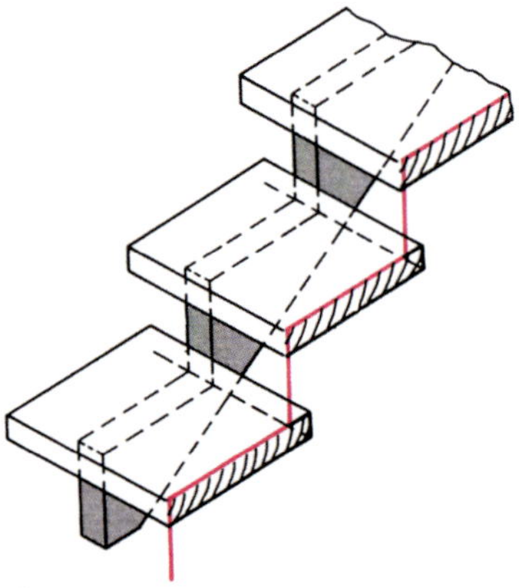

a)

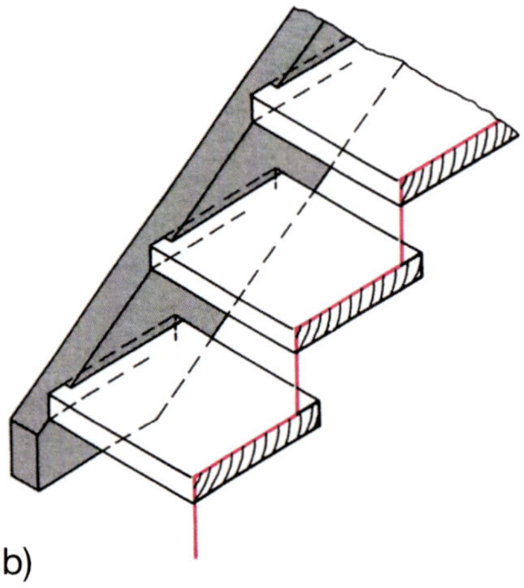

b)

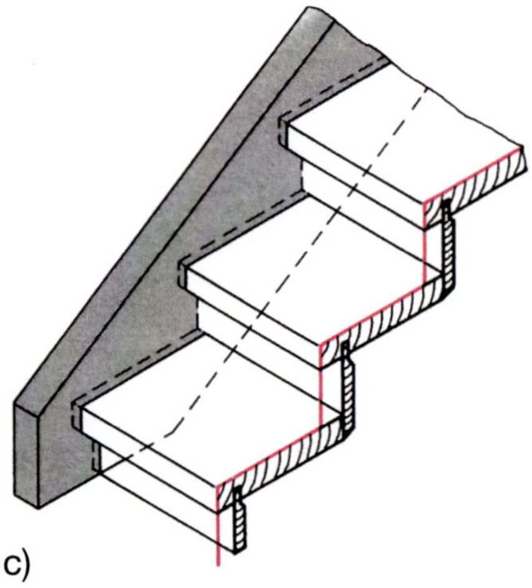

c)

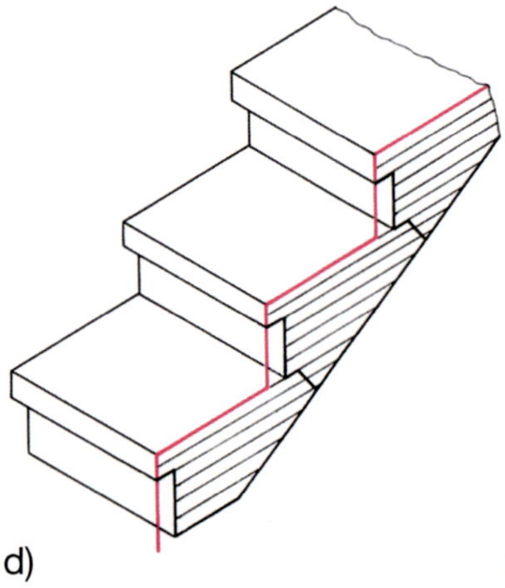

d)

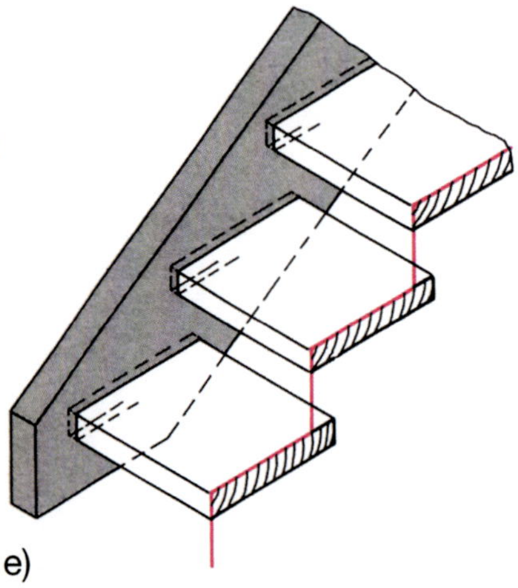

e)

a) aufgesattelte Treppe

b) eingeschobene Treppe

c) vollgestemmte Treppe

d) Blockstufentreppe

e) halbgestemmte Treppe

Name:	Klasse:	Datum:

Bau einer Treppe	**11 Herstellen einer geraden Holztreppe**

Die Abbildungen zeigen die ersten Schritte bei der **Herstellung** einer zweiläufigen, geraden Treppe mit Zwischenpodest. **Benennen** Sie jeweils den **Arbeitsvorgang** (Hinweis: Beachten Sie gegebenenfalls die Maschinen auf den Bildern):

Konstruktion der Treppe (Zeichnung)

Ablängen der Rohware (Eichebohlen)

Auftrennen der Bohlen auf der Formatsäge

Abrichten und Fügen der Bohlen

Zusammenstellen der Tritte nach Maserung

Verleimen und Pressen

Verleimen der Treppenwangen

Hobeln und Zusägen der Trittstufen

Name:	Klasse:	Datum:

11 Herstellen einer geraden Holztreppe

Einbau

Die Abbildungen zeigen den Einbau der Treppe. Bringen Sie die Bilder in die richtige Reihenfolge (entweder durch Nummerierung oder Sie können die Fotos auch ausschneiden und in einer sinnvollen Reihenfolge aufkleben):

10

9

12

5

2

14

3

13

6

11

7

4

15

8

1

Name:	Klasse:	Datum:

11 Herstellen einer geraden Holztreppe

In ein bestehendes Einfamilienhaus soll im Rahmen des Dachausbaus eine gerade, vollgestemmte Treppe eingebaut werden. Die Geschosshöhe beträgt 2,54 m vom Fertigfußboden Obergeschoss bis Rohfußboden Dachgeschoss. Im Dachgeschoss kommen noch 6 cm Estrich und 1 cm Fußbodenbelag auf die Rohdecke.

Berechnen Sie die Steigungshöhe *S*
die Auftrittbreite *A*
und die Lauflänge *l*,

wenn von der bestehenden Tür bis zur Wandwange 5 cm Abstand eingeplant werden sollen und das Wangenbesteck sowie die Unterschneidung jeweils 5 cm betragen. Die Setzstufen haben eine Stärke von 2 cm, von der letzten Setzstufe bis zum sichtbaren Balkenwechsel sollen 2 cm waagerechter Abstand eingehalten werden.

Tipp: Zeichnen Sie die An- und Austrittsdetails mit der angegebenen Bemaßung zur besseren Veranschaulichung in die nichtmaßstäbliche Skizze ein.

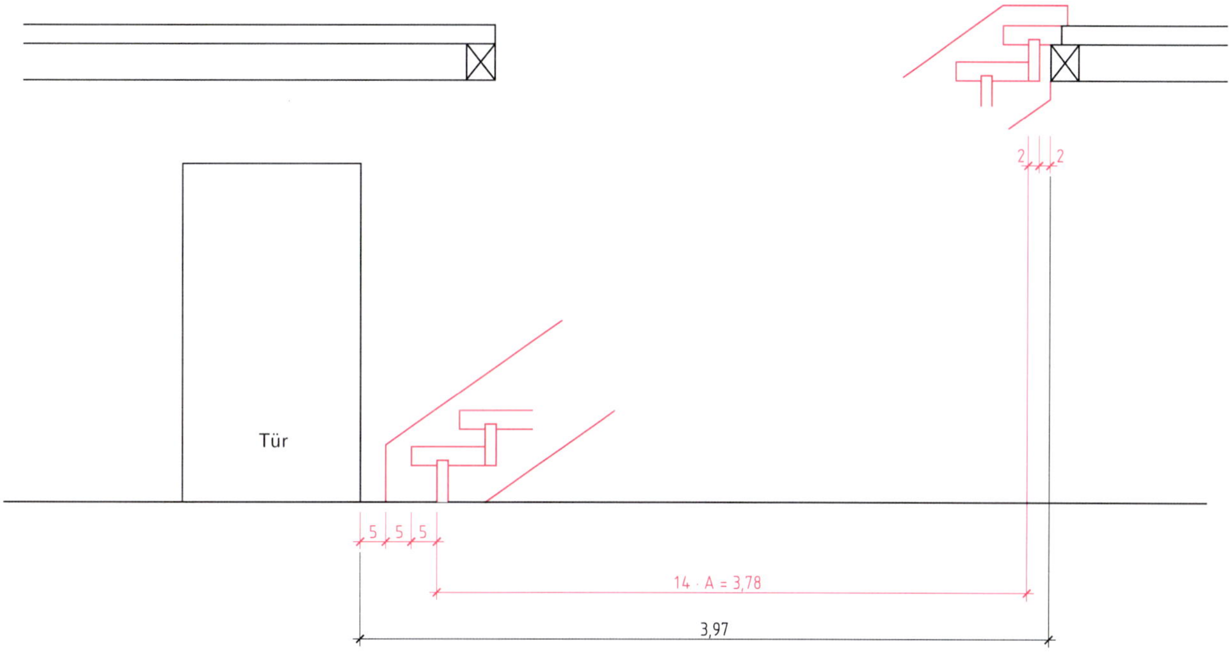

$h = 254 + 7 = 261$

$261 : 17 = 15{,}4 \rightarrow$ 15 Steigungen

$261 : 15 = 17{,}4$ cm

$l = 397 - 3 \cdot 5 - 2 \cdot 2 = 378$

$A = 378 : (15 - 1) = 27$ cm

Probe mit Schrittmaßregel:
$2 \cdot 17{,}4 + 27 = 61{,}8$ cm

Name: ______________ Klasse: ______________ Datum: ______________

11 Herstellen einer geraden Holztreppe

Treppenberechnung, Treppenzeichnung

Für ein Lagergebäude soll eine gerade, aufgesattelte Differenztreppe gebaut werden. Die Höhendifferenz beträgt 83 cm von Oberkante Gebälk zu Oberkante Gebälk. Auf die untere Decke kommen 4 cm Aufbau, auf die obere 6 cm Belag.

Berechnen Sie die Steigungshöhe S
die Auftrittbreite A nach der Schrittmaßregel
und die Lauflänge l.

Der tragende Querschnitt des Holms beträgt 16 cm, die Unterschneidung jeweils 4 cm.
Die Trittstufen haben eine Stärke von 5 cm.

Zeichnen Sie die Treppe im Längsschnitt im Maßstab 1 : 10 und bemaßen Sie alle für den Bau erforderlichen Teile. Der Austritt ist bereits in der Zeichnung enthalten.

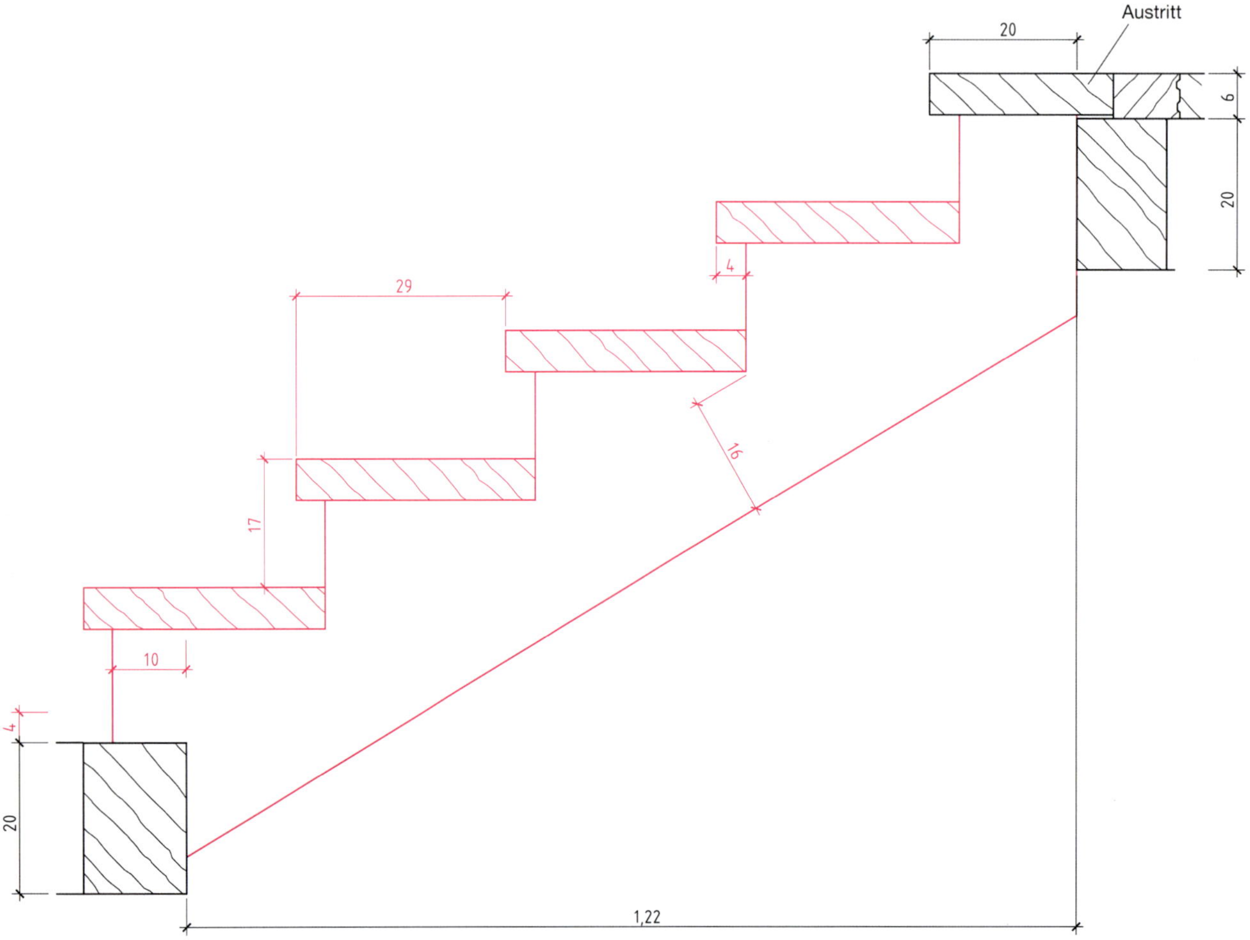

$83 - 4 + 6 = 85$

$85 : 17 = 5 \rightarrow S = \underline{17\ \text{cm}}$

$A = 63 - 2 \cdot 17 = \underline{29\ \text{cm}}$

$l = 4 \cdot 29 = \underline{116\ \text{cm}}$

Name: ______ Klasse: ______ Datum: ______

12 Schiften am gleich geneigten Walmdach

Informieren Sie sich im Lehrbuch, Abschnitt 12.1.

Zeichnen Sie in die Dachdraufsichten die fehlenden Dachlinien **freihändig** ein. Alle Seiten sind abgewalmt und die Traufen verlaufen auf gleicher Höhe.
Vergleichen Sie Ihre Ergebnisse mit denen Ihrer Nebensitzerin/Ihres Nebensitzers.

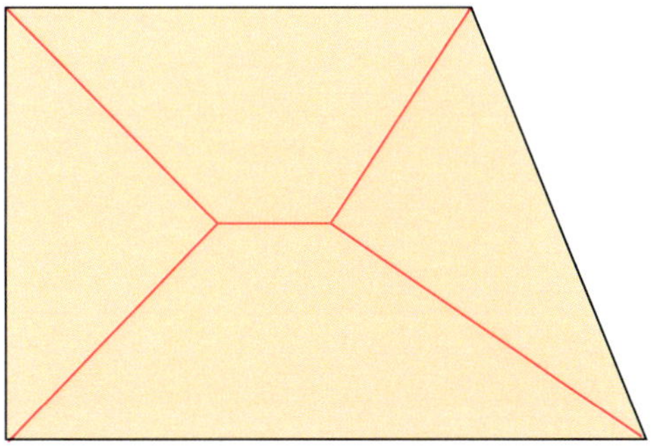

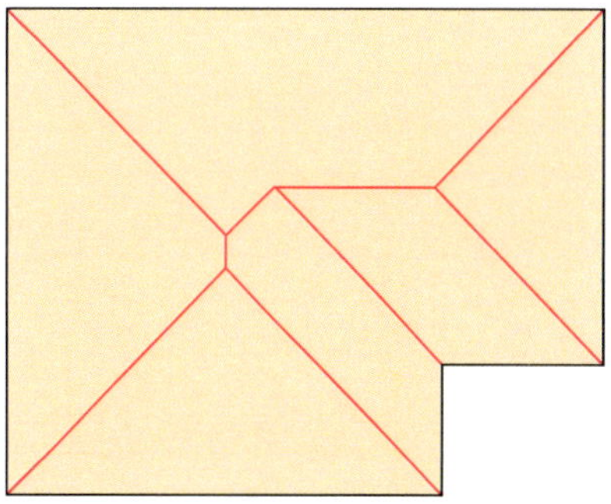

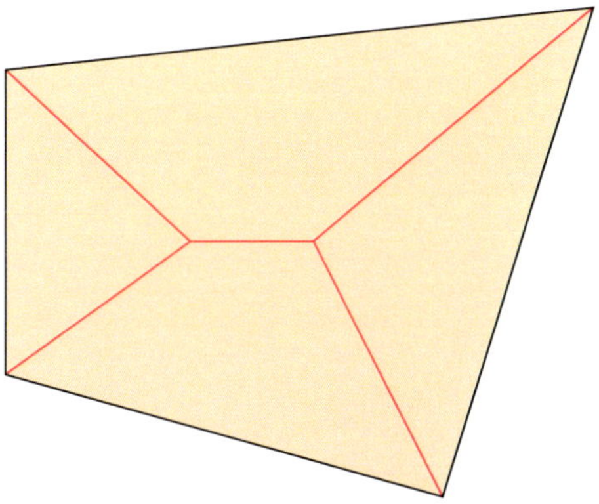

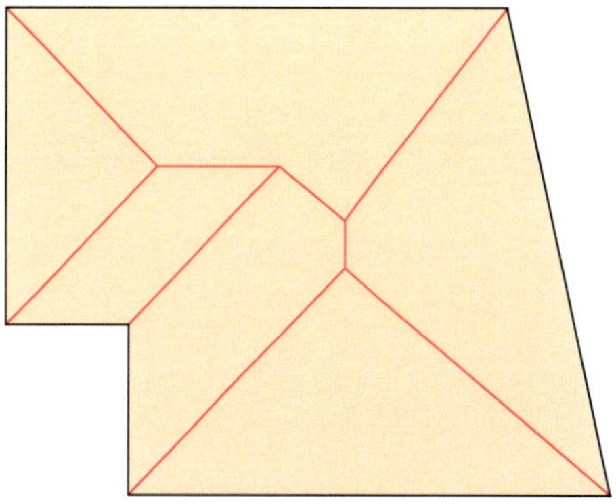

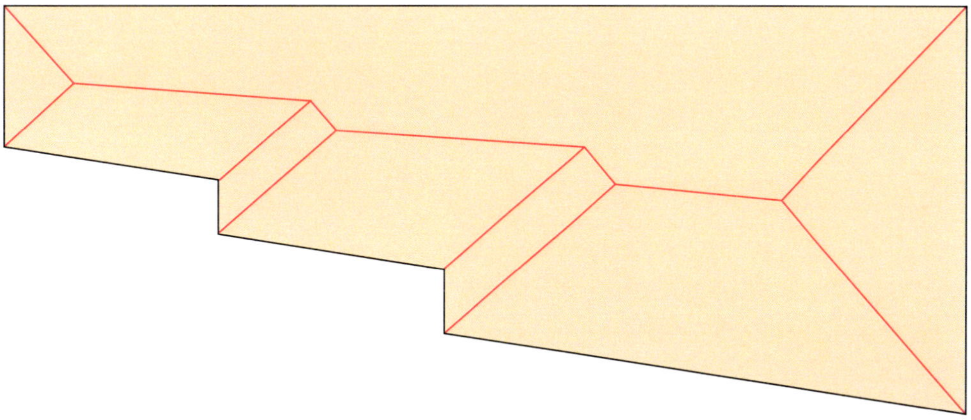

Name: ____________ Klasse: ____________ Datum: ____________

12 Schiften am gleich geneigten Walmdach

Informieren Sie sich im Lehrbuch, Abschnitt 12.1.

Zeichnen Sie in die Dachdraufsicht die fehlenden Dachlinien ein. Alle Seiten sind abgewalmt und die Traufen verlaufen auf gleicher Höhe.
Vergleichen Sie Ihr Ergebnis mit dem Ihrer Nebensitzerin/Ihres Nebensitzers.

Name: ______________ Klasse: ______________ Datum: ______________

12 Schiften am gleich geneigten Walmdach

Informieren Sie sich im Lehrbuch, Abschnitt 12.1.

Zeichnen Sie in die Dachdraufsicht die fehlenden Dachlinien ein. Alle Seiten sind abgewalmt und die Traufen verlaufen auf gleicher Höhe.
Vergleichen Sie Ihre Ergebnisse mit denen Ihrer Nebensitzerin/Ihres Nebensitzers.

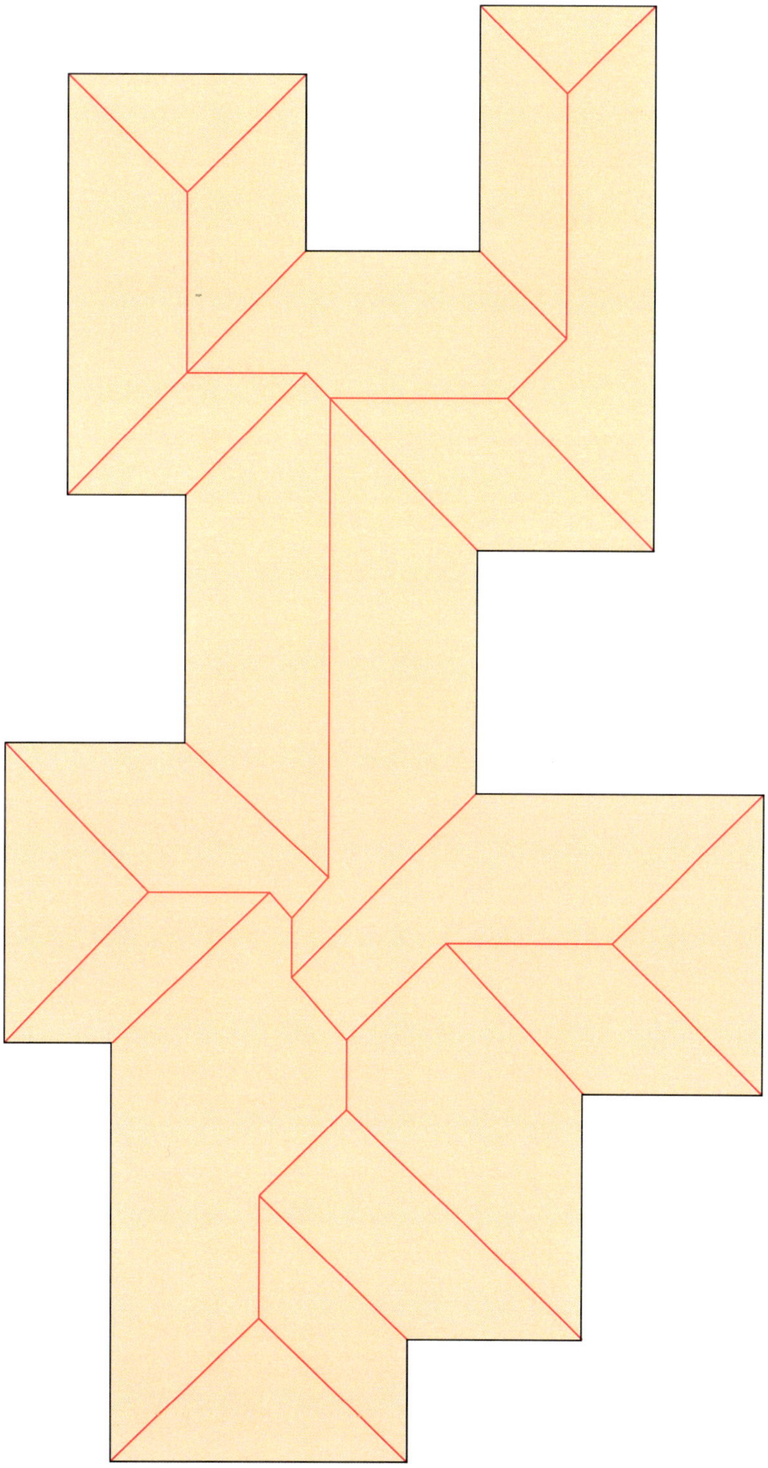

Name: ____________ Klasse: ____________ Datum: ____________

12 Schiften am gleich geneigten Walmdach

Dachausmittlung, wahre Größen I

Informieren Sie sich im Lehrbuch, Abschnitt 12.1.3.

1. Zeichnen Sie in die Dachdraufsichten die fehlenden Dachlinien ein. Alle Seiten sind abgewalmt und die Traufen verlaufen auf gleicher Höhe.

2. Zeichnen Sie die Dachflächen in wahrer Größe.

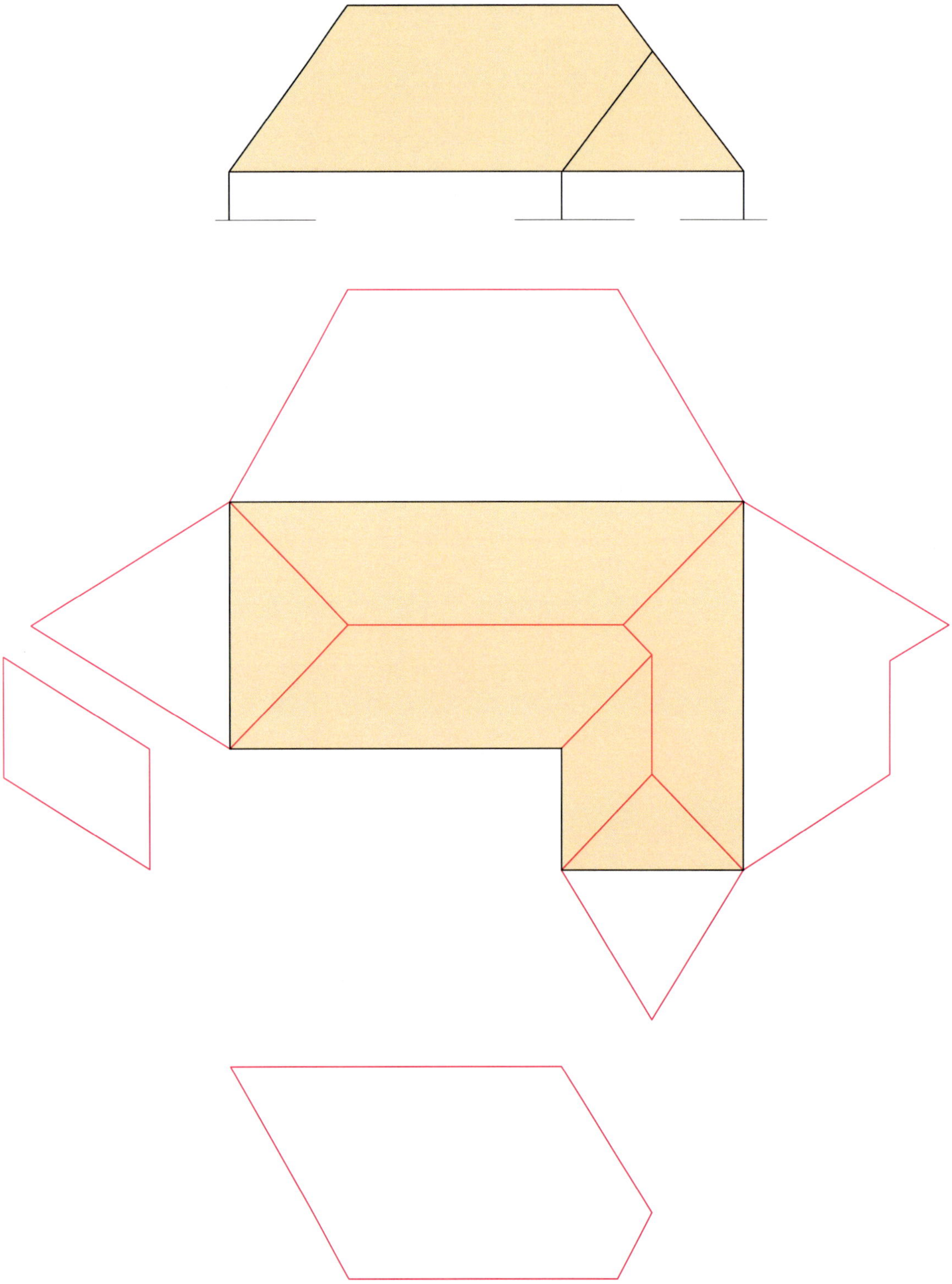

Name:	Klasse:	Datum:

Dachausmittlung, wahre Größen II	12 Schiften am gleich geneigten Walmdach

Informieren Sie sich im Lehrbuch, Abschnitt 12.1.

1. Zeichnen Sie in die Dachdraufsicht die fehlenden Dachlinien ein. Alle Seiten sind abgewalmt und die Traufen verlaufen auf gleicher Höhe.

2. Übertragen Sie die Zeichnung auf einen Karton und konstruieren Sie die Dachflächen in wahrer Größe. Die Dachneigungen sollen 45° betragen. Schneiden Sie die Dachflächen aus und kleben Sie sie zu einem Modell zusammen.

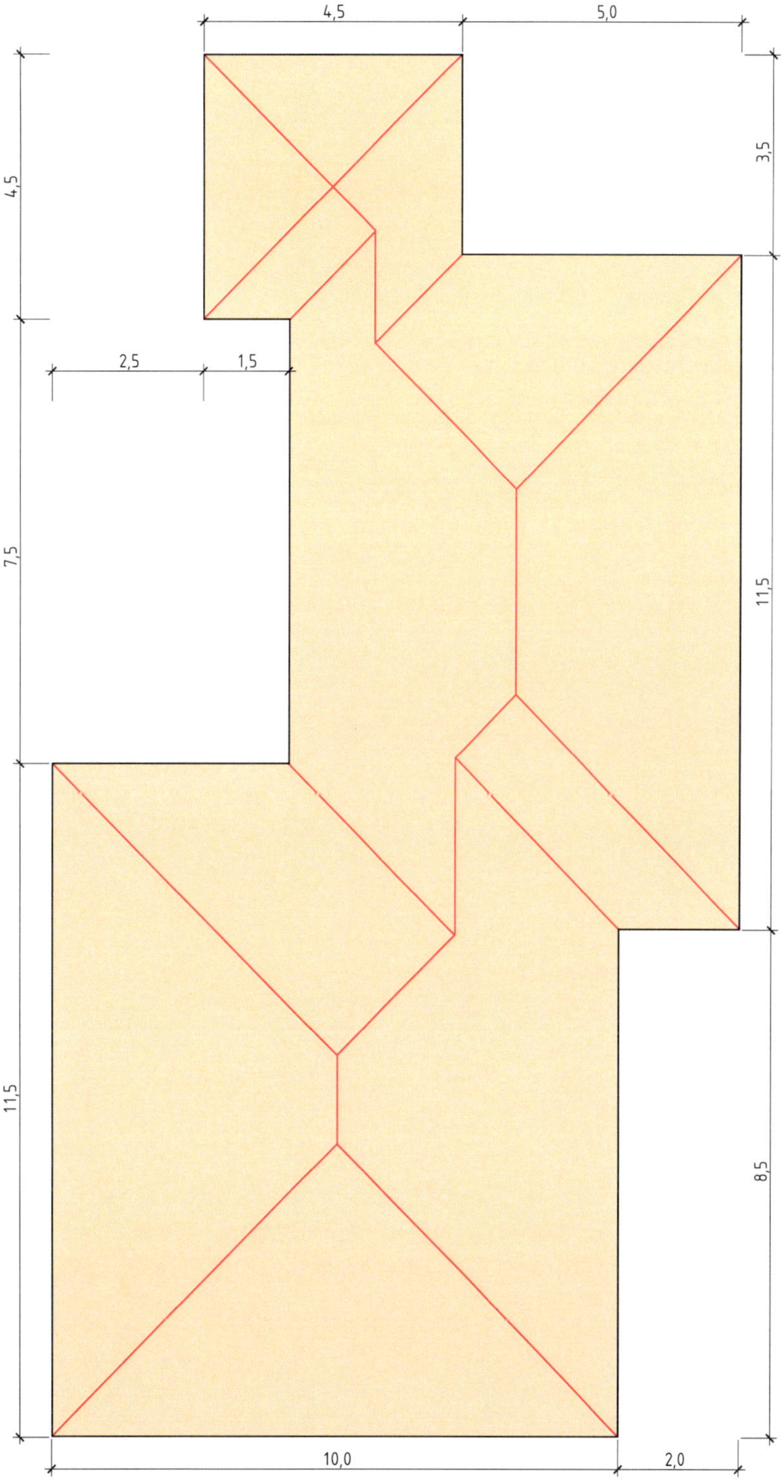

Name:

Klasse:

Datum:

12 Schiften am gleich geneigten Walmdach

Rechnerischer Abbund

Informieren Sie sich im Lehrbuch, Abschnitt 12.2.

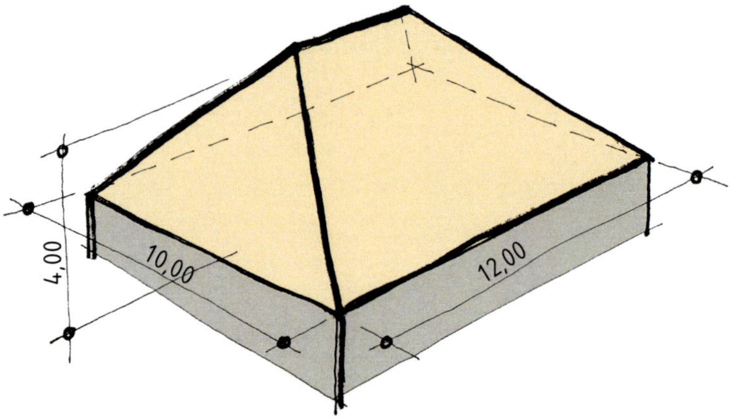

Für das dargestellte Walmdach mit gleich geneigten Dachflächen sollen folgende Größen berechnet werden:

a) Sparrenlänge l_s

$l_s = \sqrt{(5{,}00\ \text{m})^2 + (4{,}00\ \text{m})^2} = 6{,}4031\ \text{m}$

b) Dachneigungswinkel α

$\tan\alpha = \frac{4{,}00\ \text{m}}{5{,}00\ \text{m}}$; $\tan\alpha = 0{,}8$; $\alpha = 38{,}660°$

c) Länge der Firstlinie l_F

$l_F = 12{,}00\ \text{m} - 2 \cdot 5{,}00\ \text{m} = 2{,}00\ \text{m}$

d) Länge des Gratgrundmaßes g_G

$g_G = \sqrt{2} \cdot 5{,}00\ \text{m} = 7{,}07\ \text{m}$

e) Länge der Gratlinie l_G

$l_G = \sqrt{(7{,}07\ \text{m})^2 + (4{,}00\ \text{m})^2} = 8{,}1231\ \text{m}$

f) Neigungswinkel der Gratlinie α_G

$\tan\alpha_G = \frac{4{,}00\ \text{m}}{7{,}07\ \text{m}}$; $\tan\alpha_G = 0{,}566$; $\alpha_G = 29{,}510°$

g) Dachfläche A

$A = 2 \cdot 12{,}00\ \text{m} \cdot 6{,}40\ \text{m} = 153{,}6\ \text{m}^2$ oder $A = 10{,}00\ \text{m} \cdot 12{,}00\ \text{m} : \cos 38{,}66° = 153{,}6\ \text{m}^2$

h) Volumen des Daches V

$V = (10{,}00\ \text{m} \cdot 4{,}00\ \text{m}) : 6 \cdot (2 \cdot 12{,}00\ \text{m} + 2{,}00\ \text{m}) = 173{,}3\ \text{m}^3$

Name: ______________ Klasse: ______________ Datum: ______________

Schiftung Gratsparren	# 12 Schiften am gleich geneigten Walmdach

Informieren Sie sich im Lehrbuch, Abschnitt 12.3.

Vervollständigen Sie den Gratsparren in der Seitenansicht und in der Untersicht mit allen erforderlichen Rissen, zeichnen Sie die Seitenansicht ausgearbeitet.

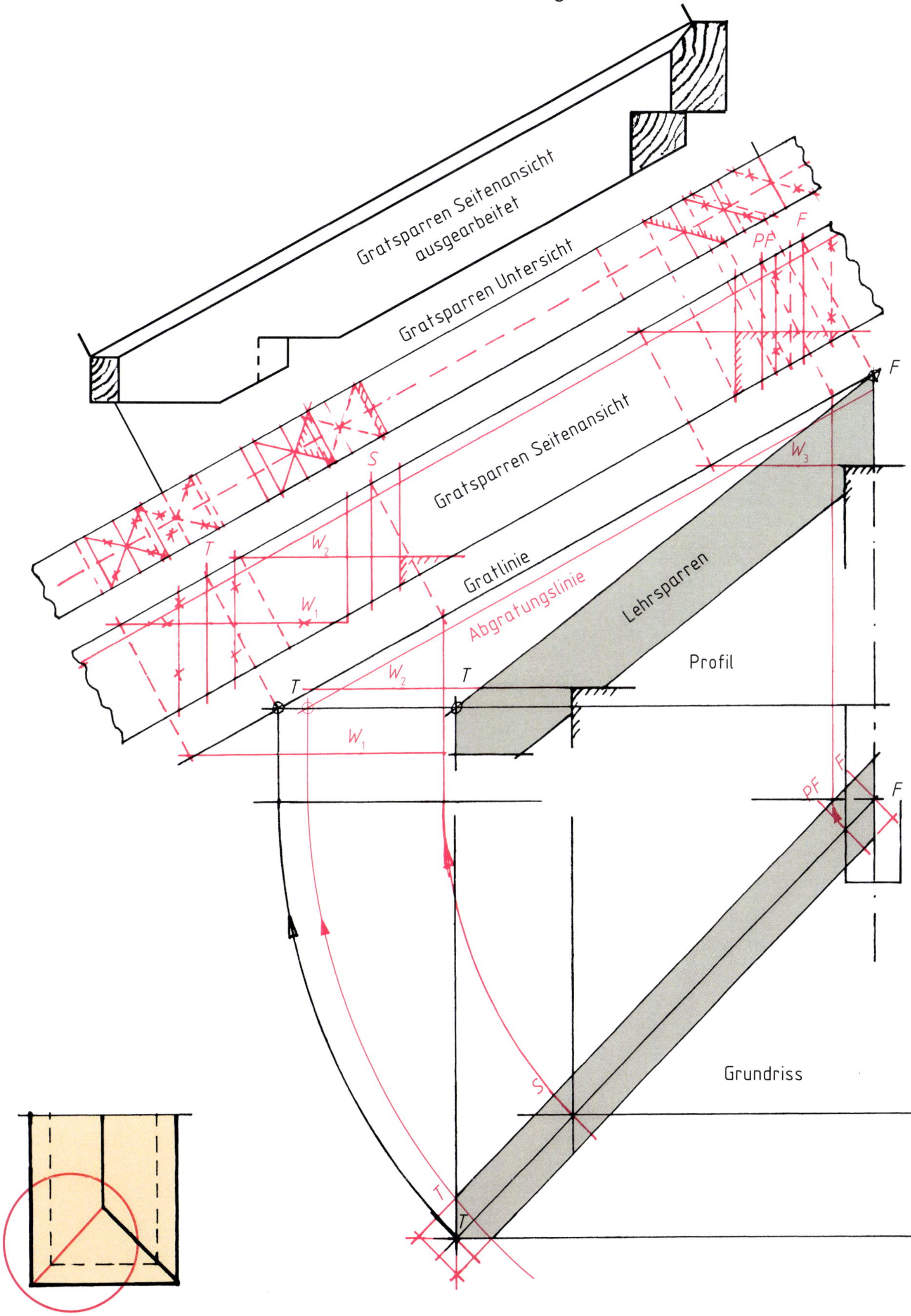

Name:	Klasse:	Datum:

12 Schiften am gleich geneigten Walmdach

Schiftung, Kehlsparren

Informieren Sie sich im Lehrbuch, Abschnitt 12.3.

Vervollständigen Sie den Kehlsparren in der Seitenansicht und in der Untersicht mit allen erforderlichen Rissen, zeichnen Sie die Seitenansicht ausgearbeitet.

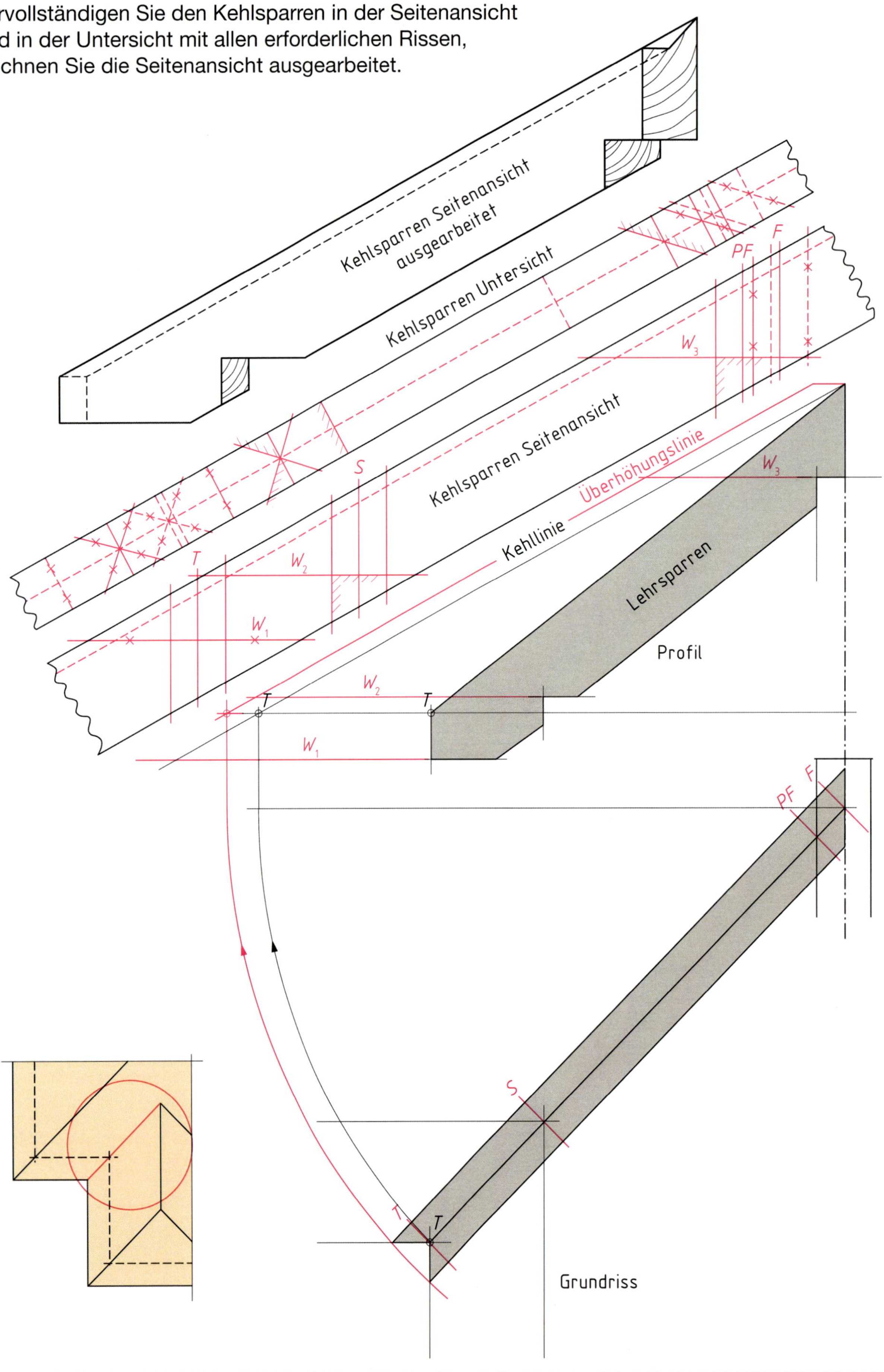

Name: | Klasse: | Datum:

Dachausmittlung I

13 Schiften am ungleich geneigten Walmdach

Informieren Sie sich im Lehrbuch, Abschnitt 13.1.

Zeichnen Sie in die Draufsicht des Walmdaches die fehlenden Dachlinien ein. Alle Dachflächen sind abgewalmt und besitzen dieselbe Traufhöhe.

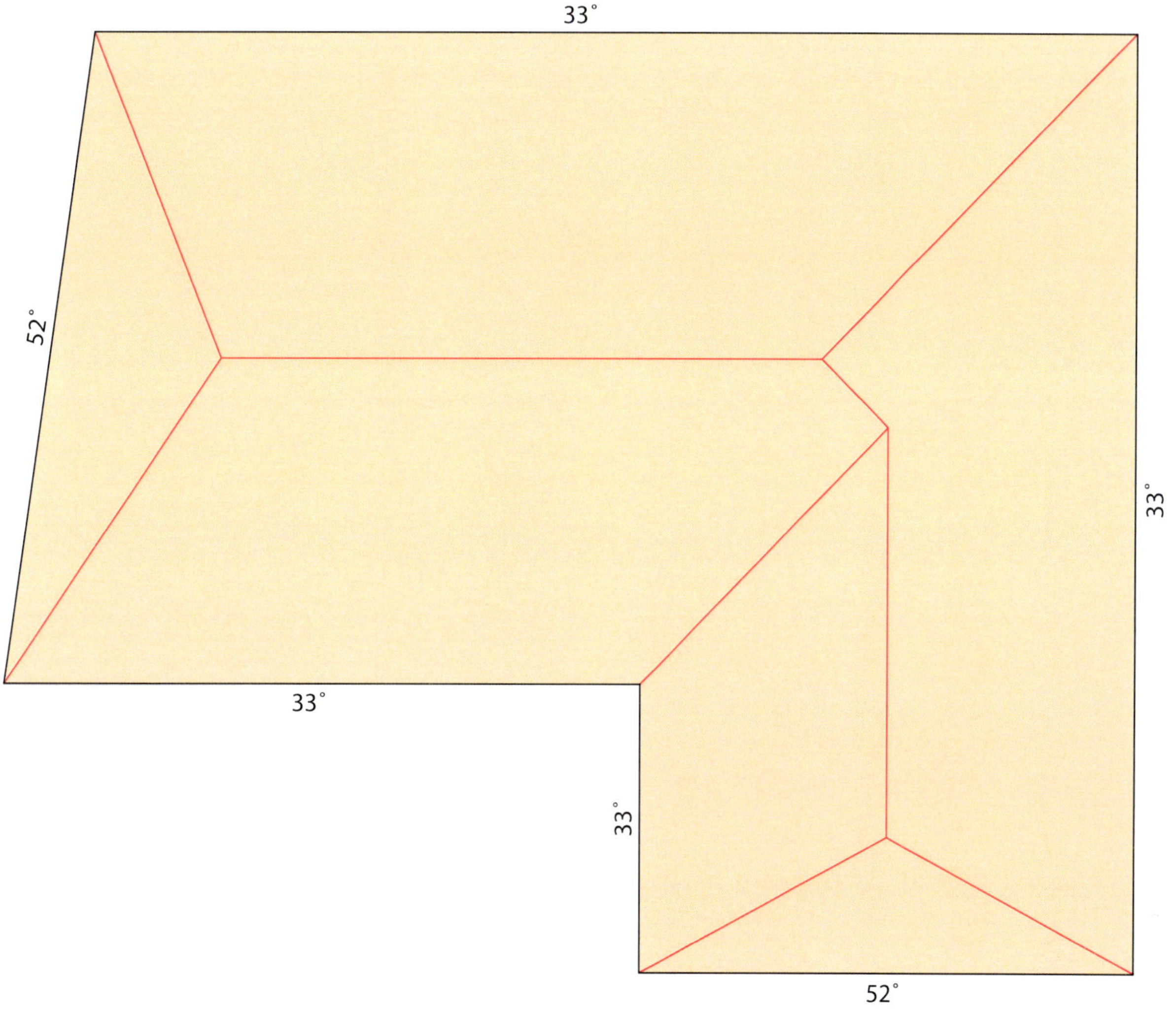

Name:

Klasse:

Datum:

13 Schiften am ungleich geneigten Walmdach

Informieren Sie sich im Lehrbuch, Abschnitt 13.1.

Zeichnen Sie in die Draufsicht des Walmdaches die fehlenden Dachlinien ein. Alle Dachflächen sind abgewalmt.
Die Traufhöhen am rechten Anbau sind um +2 erhöht (wählen Sie in Ihrer Zeichnung dafür +2 cm).

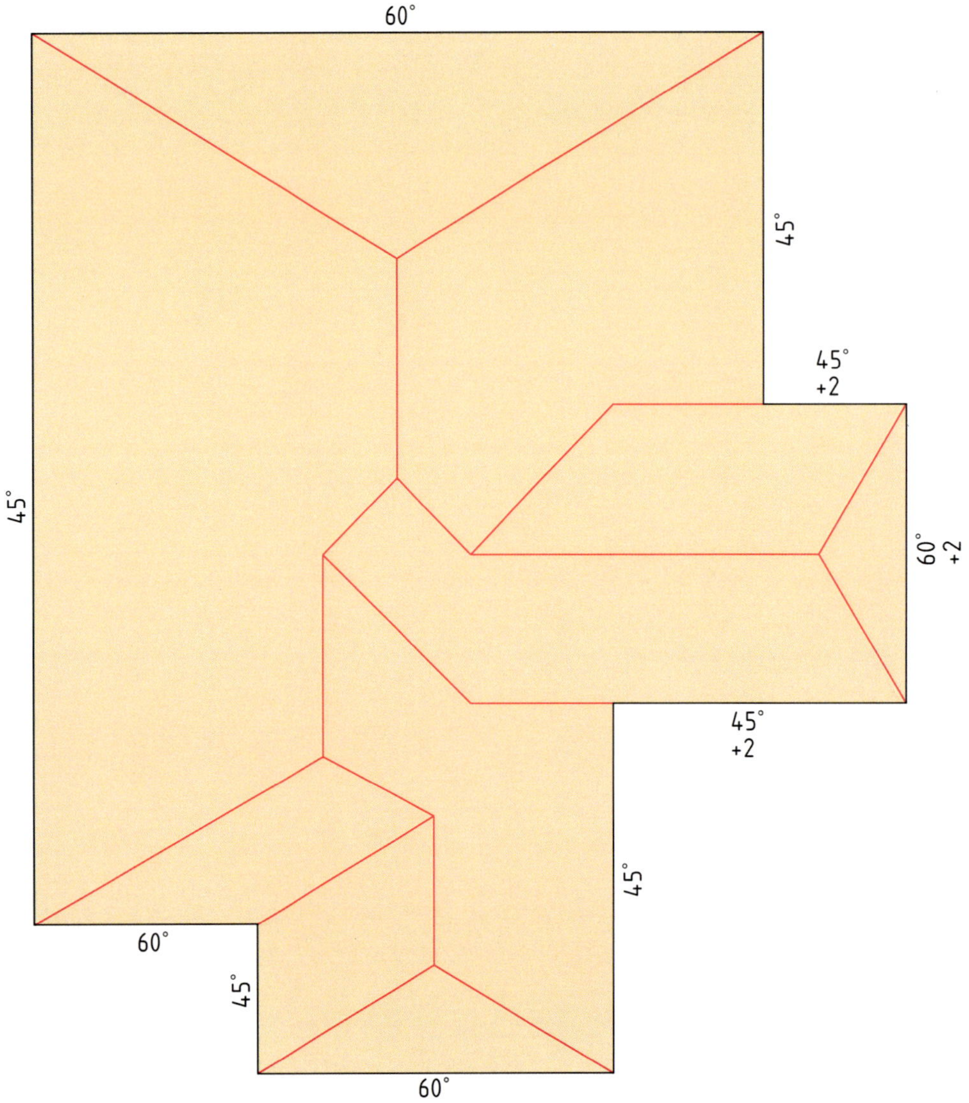

Name: ______ Klasse: ______ Datum: ______

13 Schiften am ungleich geneigten Walmdach

Informieren Sie sich im Lehrbuch, Abschnitt 13.1.

Zeichnen Sie in die Draufsicht des Walmdaches die fehlenden Dachlinien ein. Alle Dachflächen sind abgewalmt.

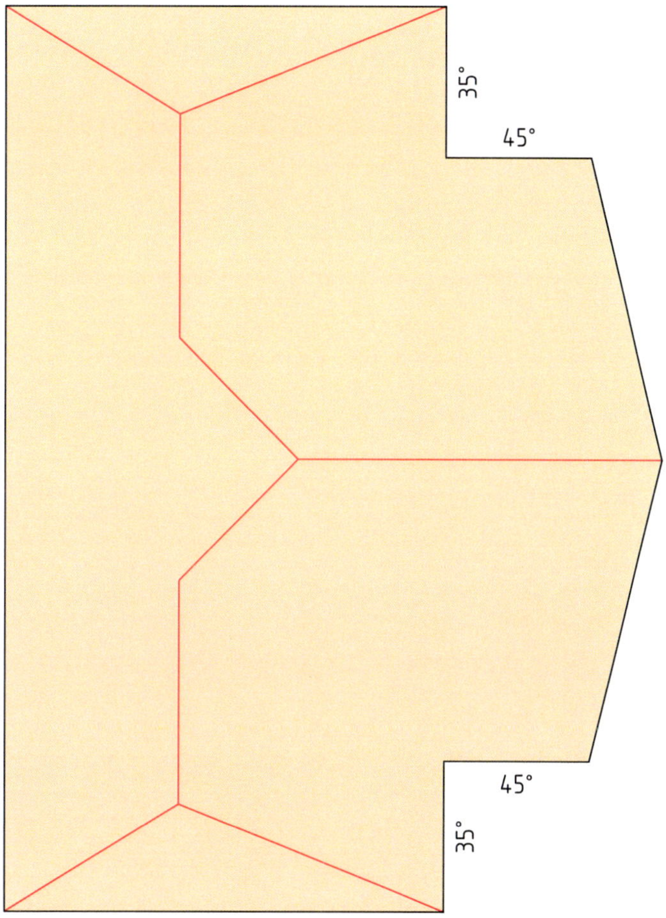

Name: ____________

Klasse: ____________

Datum: ____________

13 Schiften am ungleich geneigten Walmdach

Informieren Sie sich im Lehrbuch, Abschnitt 13.1.

Zeichnen Sie in die Draufsicht des Gebäudes die fehlenden Dachlinien ein. Alle Dachflächen sind abgewalmt und besitzen dieselbe Traufhöhe.

8-eckiger Turm

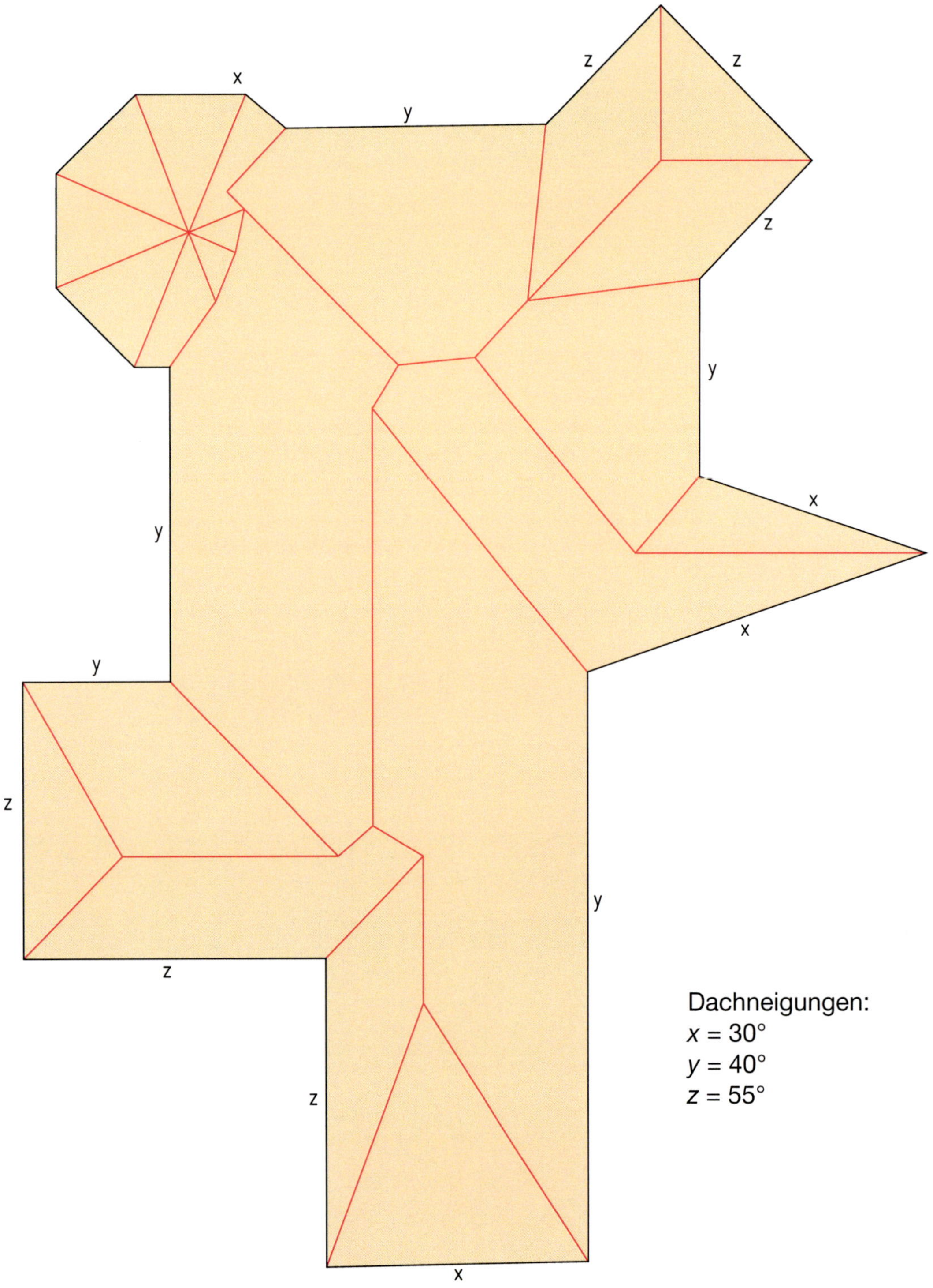

Dachneigungen:
$x = 30°$
$y = 40°$
$z = 55°$

Name: ______ Klasse: ______ Datum: ______

13 Schiften am ungleich geneigten Walmdach

Informieren Sie sich im Lehrbuch, Abschnitt 13.1.

Für das in der Draufsicht dargestellte Walmdach mit ungleich geneigten Dachflächen sollen folgende Größen berechnet werden:
(Die beiden Hauptdachflächen und die beiden Walmflächen besitzen jeweils die gleiche Dachneigung.)

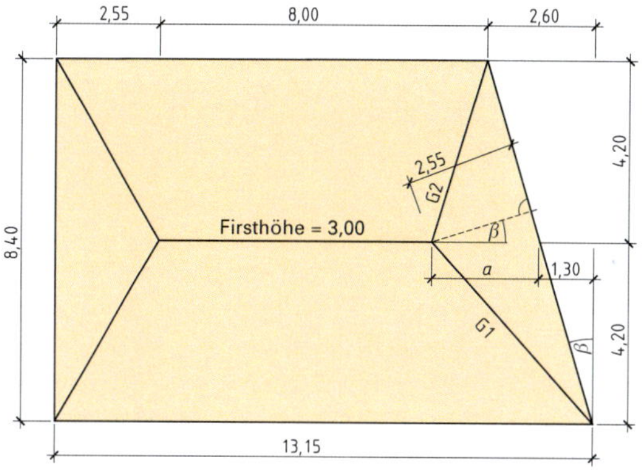

a) Dachneigung α Hauptdach

α_{HD} = arctan (3,00 m : 4,20 m) = 35,538°

b) Sparrenlänge Hauptdach

$l_s = \sqrt{(3{,}00\ m)^2 + (4{,}20\ m)^2} = 5{,}1614\ m$

c) Dachneigung Walmdach

α_{WD} = arctan (3,00 m : 2,55 m) = 49,635°

d) Sparrenlänge Walmdach

$l_{sw} = \sqrt{(3{,}00\ m)^2 + (2{,}55\ m)^2} = 3{,}9373\ m$

e) Länge der Gratlinie G_1

Hilfswinkel β = arctan (2,60 m : 8,40 m) = 17,199°   Hilfslänge a = 2,55 m : cosβ = 2,6694 m

Gratgrundlänge $g_{G1} = \sqrt{(4{,}20\ m)^2 + (2{,}6694\ m + 1{,}30\ m)^2} = 5{,}7789\ m$

Gratlänge $l_{G1} = \sqrt{(5{,}7789\ m)^2 + (3{,}00\ m)^2} = 6{,}5112\ m$

f) Länge der Gratlinie G_2

Gratgrundlänge $g_{G2} = \sqrt{(4{,}20\ m)^2 + (2{,}6694\ m - 1{,}30\ m)^2} = 4{,}4176\ m$

Gratlänge $l_{G2} = \sqrt{(4{,}4176\ m)^2 + (3{,}00\ m)^2} = 5{,}3400\ m$

g) Neigungswinkel der Gratlinie G_1

α_{G1} = arctan (3,00 m : 5,7789 m) = 27,435°

h) Neigungswinkel der Gratlinie G_2

α_{G2} = arctan (3,00 m : 4,4176 m) = 34,180°

Name: ____________ Klasse: ____________ Datum: ____________

13 Schiften am ungleich geneigten Walmdach

Schiftung, Kehlsparren

Informieren Sie sich im Lehrbuch, Abschnitt 13.3.

Vervollständigen Sie den Gratsparren in der Seitenansicht und in der Untersicht mit allen erforderlichen Rissen, zeichnen Sie die Seitenansicht ausgearbeitet.

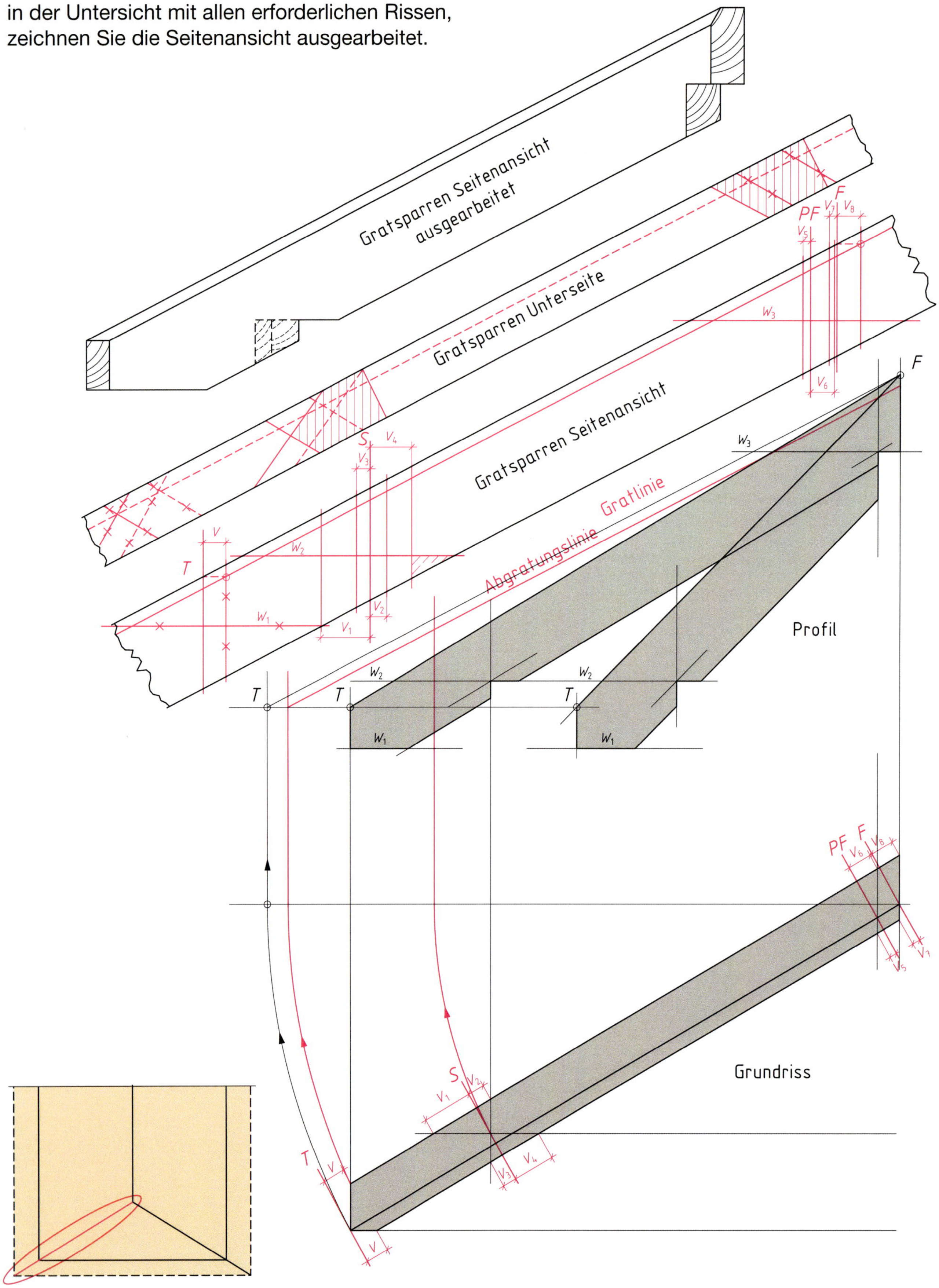

Name:

Klasse:

Datum:

Zeichnen einer Schleppgaube

14 Einbau einer Gaube und eines Dachflächenfensters

In ein bestehendes Dach eines Wohnhauses soll eine Schleppdachgaube eingebaut werden. Die Hauptdachneigung beträgt 45°, die Neigung der Gaube 15°. Der Abstand der Bundseite des Gaubenpfostens (10/10) vom Hausgrund beträgt 70 cm, die Unterkante der Gaubenpfetten (10/14) liegt auf gleicher Höhe mit der Unterkante der Dachpfette (Anschluss mit Balkenschuhen).

Aufgabe: Zeichnen Sie einen Schnitt im Maßstab 1:20

Weitere Maße:
Gaubensparren 8/14, Obholz 11 cm
Dachvorsprung Gaube 30 cm
Gaubenschwelle 10/10
OK Brüstungsriegel (10/10) auf 1,00 m ab OK Decke

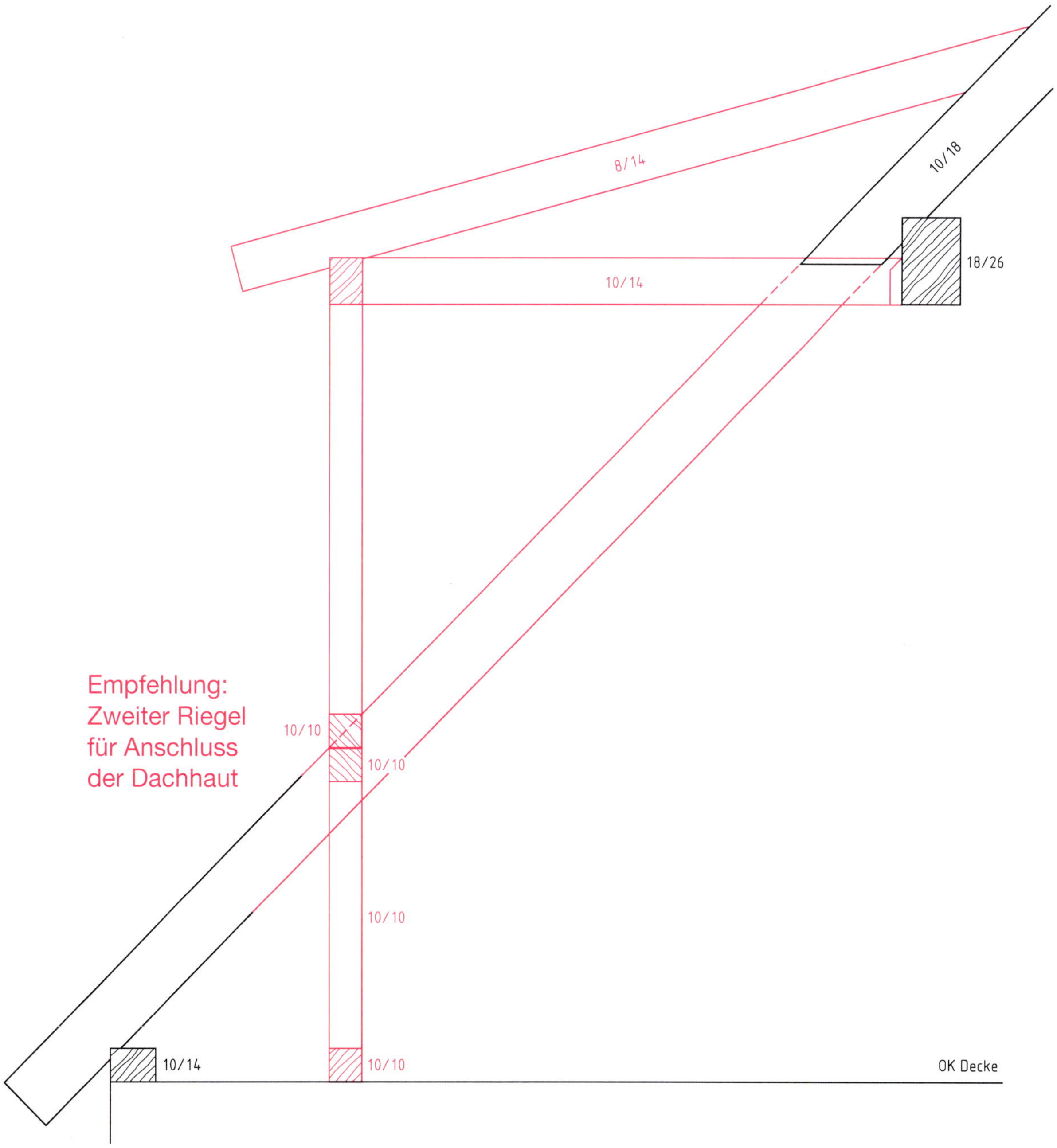

Name:
Klasse:
Datum:

14 Einbau einer Gaube und eines Dachflächenfensters

Rechnerischer Abbund einer Schleppgaube

Die abgebildete **Schleppdachgaube** soll abgebunden werden.
Berechnen Sie die erforderlichen Abbundmaße ***s***, ***d*** und die Pfostenlänge ***p***:

Dachneigung Hauptdach 38°
Dachneigung Gaube 20°
Dachvorsprung Gaube 25 cm

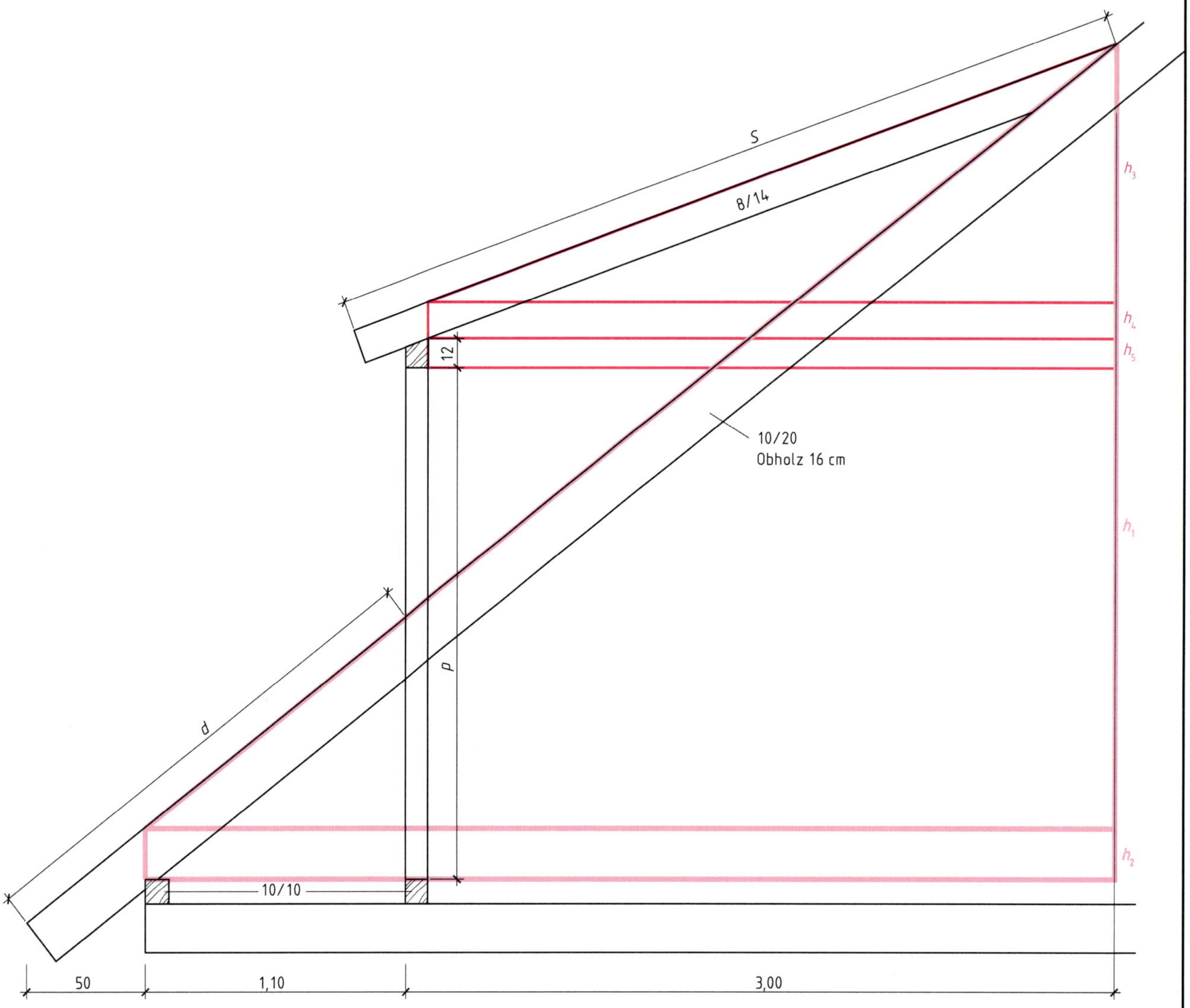

Zeichnung ohne Maßstab

$s = \dfrac{3{,}25}{\cos 20°} = \underline{3{,}45^9\ \text{m}}$

$d = \dfrac{1{,}60}{\cos 38°} = \underline{2{,}03\ \text{m}}$

$h = h_1 + h_2 = \tan 38° \cdot 4{,}10 + \dfrac{0{,}16}{\cos 38°} = 3{,}40^6\ \text{m}$

$h = h_3 + h_4 + h_5 = 0{,}12 + \dfrac{0{,}14}{\cos 20°} + \tan 20° \cdot 2{,}90 = 1{,}32^4\ \text{m}$

$p = h - h = \underline{2{,}08^2\ \text{m}}$

Name:	Klasse:	Datum:

Dachflächenfenster

14 Einbau einer Gaube und eines Dachflächenfensters

Benennen Sie die drei **Dachfenstertypen** und geben Sie jeweils einen **Vor-** und einen **Nachteil** an:

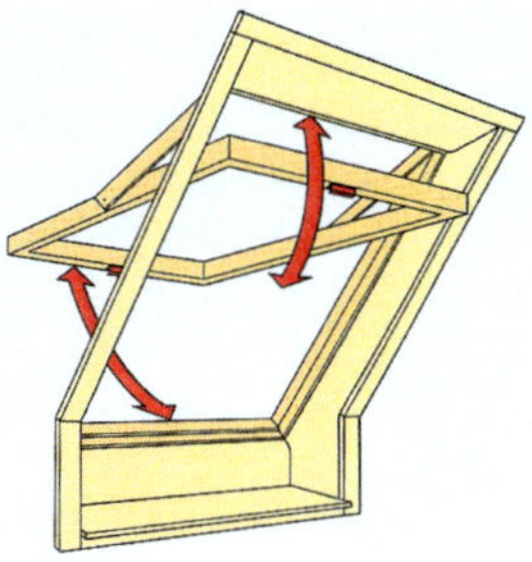

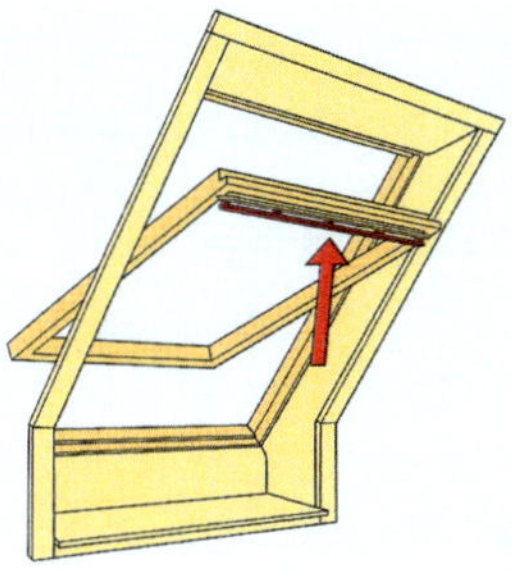

Klappfenster	Klapp-/Schwingfenster	Schwingfenster

Vorteile:

Flügel außen, stört nicht; störungsfreie Sicht nach draußen	Vorteile von Klapp- und Schwingfenster vereint	einfache Mechanik, preiswert, leicht zu reinigen

Nachteile:

schwer zu reinigen	teurer in der Anschaffung	eingeschränkte Sicht

Was ist beim Einbau eines **Dachflächenfensters** in ein **Sparrendach** zu beachten?

Auswechslung maximal über 2 Sparrenfelder, der Wechsel muss die Druckkräfte des abgesägten Sparrens aufnehmen, die Sparren rechts und links des Fensters müssen verstärkt werden

Beschreiben Sie kurz, was Ihnen bei den Dachfensterfotos auffällt, und nennen Sie jeweils eine mögliche **Ursache**.

Schimmelbildung am Dachfensterfutter durch Kondenswasser, das an der Scheibe anfällt, eventuell zu wenig gelüftet oder Dachfenster mit zu großem U-Wert

Raureif an angrenzender Dachfläche durch Wärmeströmung geschmolzen; mögliche Ursache: Leckagen in der Luftdichtheitsebene

Name: ____________ Klasse: ____________ Datum: ____________

14 Einbau einer Gaube und eines Dachflächenfensters

Einbau eines Dachflächenfensters

Zur Belichtung eines Badezimmers soll ein **Dachflächenfenster** eingebaut werden. Das **Profil** des bestehenden Daches ist im Maßstab 1 : 20 abgebildet. Geben Sie die einzelnen **Schritte** des Einbaus (nur des Blendrahmens) an und **zeichnen** Sie den Blendrahmen und die erforderlichen Wechsel in das Dachprofil ein (beachten Sie dabei die Durchblickpunkte und die Abstände zum späteren Dachfensterfutter). Der Blendrahmen hat eine Höhe von 10 cm und liegt auf der Sparrenoberkante auf.

Abstände Wechsel – Dachfensterfutter 10 cm
Futter unten senkrecht, oben waagerecht
Blendrahmenlänge 78 cm
Dachneigung 38°
Lattmaß 34 cm
Sparren 8/14
Sprungmaß von letzter Dachlatte zur Montagelatte 10 cm

Profil

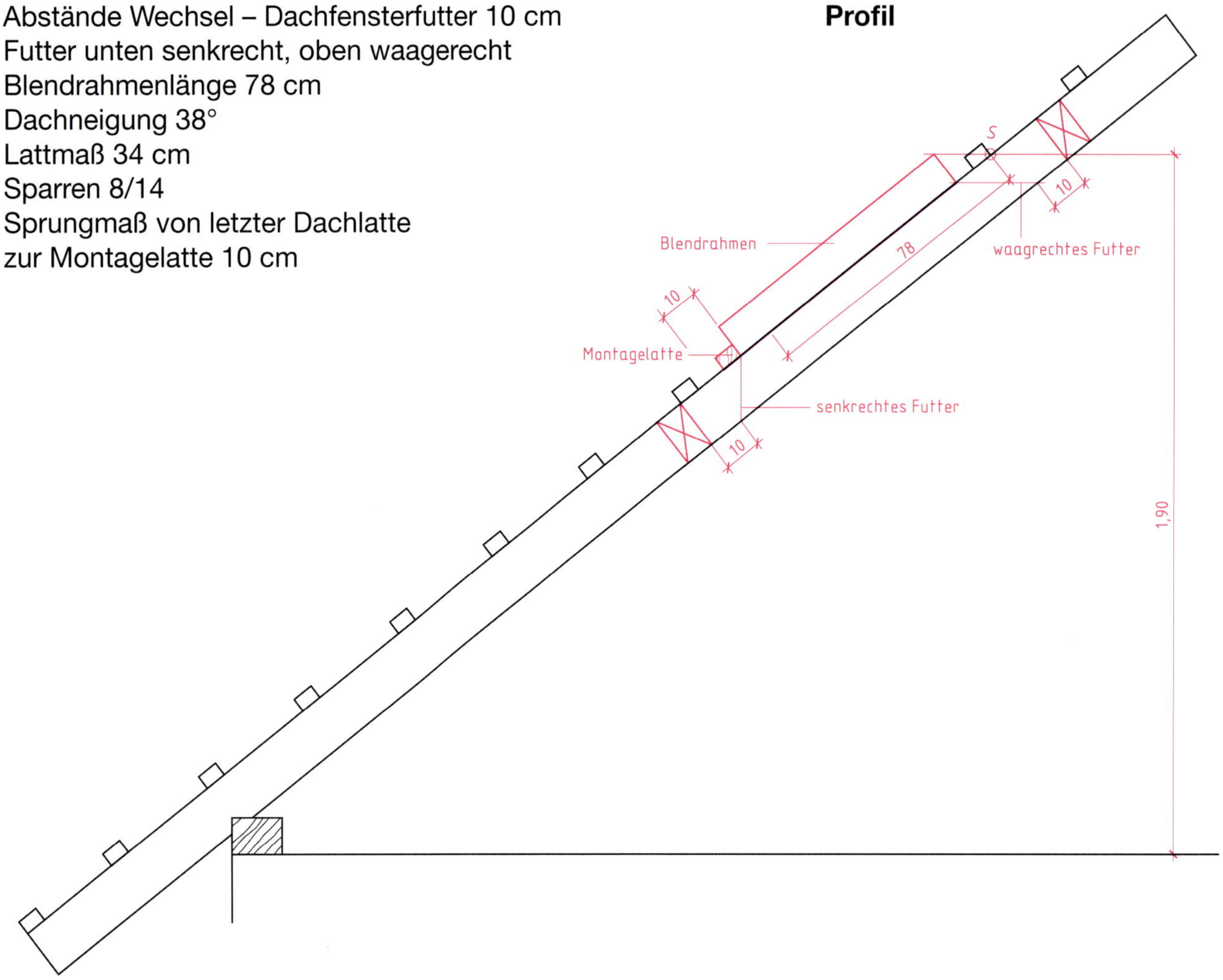

Arbeitsschritte:

- 1,90-m-Riss auf Sparren zeichnen (oder 2,00 m) → Schnittpunkt auf Sparrenoberkante
- Maß des Blendrahmens nach unten abtragen (0,78 m)
- Blendrahmenmaß nach unten (oder oben) verschieben, bis es zur Lattung passt (Montagelatte 10 cm über unterer Lattung)
- Montagelatte anbringen
- Wechsel einbauen mit Abstand zu oberer (waagerechter) und unterer (senkrechter) Laibung

Name: ______________ Klasse: ______________ Datum: ______________

15 Fertigen eines Hallenbinders

Informieren Sie sich im Lehrbuch, Abschnitt 15.1.

Unterscheiden Sie die beiden grundsätzlichen Binder-/Trägerarten.

Vollwandträger

Fachwerkträger

Ergänzen Sie die Skizze oder die Bezeichnung der Binderformen.

Parallelbinder	Pultdachbinder als Trapezbinder	Satteldachbinder als Dreiecksbinder	Satteldachbinder mit gekrümmtem unteren Rand
	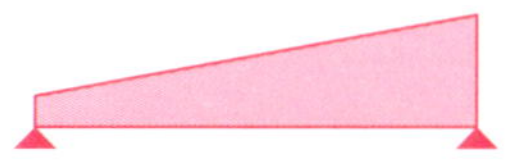	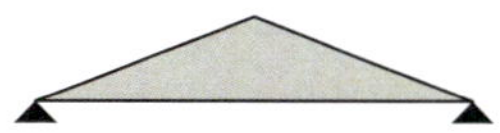	

Meist werden mit Vollwandträgern auch ganz besondere Tragkonstruktionen hergestellt.

Benennen Sie die abgebildete Tragkonstruktion.

Dreigelenkrahmen

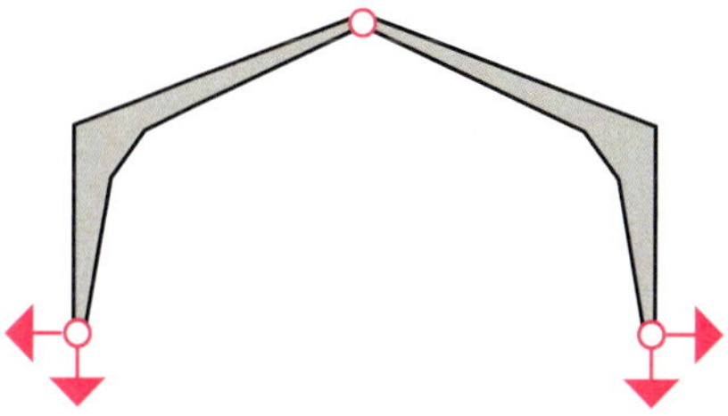

Skizzieren Sie die Kräfte, die von der Konstruktion auf die Auflager wirken.

Bei welcher konventionellen Dachkonstruktion treten ähnliche Kräfte am Auflager auf?

beim Sparrendach

Erläutern Sie die Funktion des gekennzeichneten Bauteils.

Zugband: Nimmt die am Auflagerpunkt nach außen wirkenden Horizontalkräfte auf.

Name: ______ Klasse: ______ Datum: ______

15 Fertigen eines Hallenbinders

Vollwandträger I

Informieren Sie sich im Lehrbuch, Abschnitt 15.2.

Benennen und skizzieren Sie vier Binderquerschnitte, die aus Brettschichtholzträgern hergestellt werden.

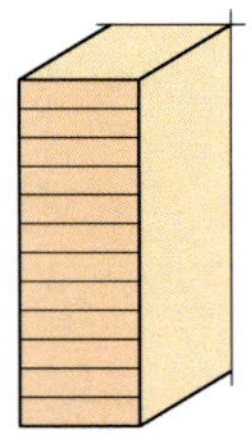	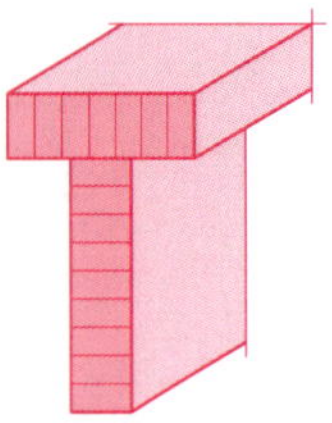	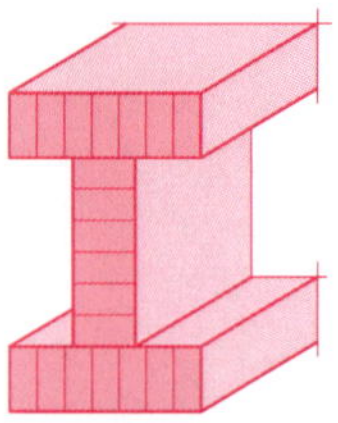	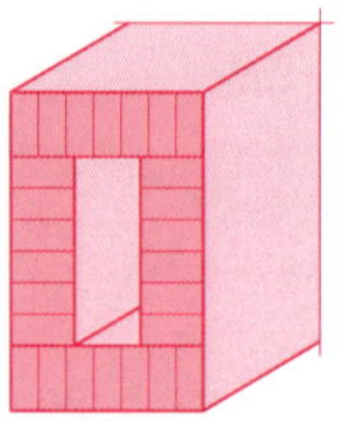
Rechteckträger	T-Träger	I-Träger	Kastenträger

Für Festigkeit **und** Dauerhaftigkeit von BSH sind zwei Faktoren verantwortlich:

Festigkeit der Lamellen

Verleimung der Lamellen

Die Festigkeit der Lamellen hängt von der Sortierklasse und der Holzart ab.

Bei der Herstellung bzw. Verarbeitung von Lamellen für BSH ist folgendes zu beachten:

- Dicke max. 45 mm
- gehobelt und auf Trägerlänge längsverleimt
- Holzfeuchte zwischen 8 % und 15 %
- Querschnittsfläche max. 120 cm^2

Vervollständigen Sie die Sätze:

Beim homogenen BSH werden nur Lamellen einer Sortierklasse verwendet.

Beim kombinierten BSH gehören die inneren Lamellen des Querschnitts der nächst niedrigeren Sortierklasse an.

Beim horizontal laminierten BSH verlaufen die Klebstofffugen der Lamellenlängsseite waagerecht, beim vertikal laminierten BSH senkrecht.

Name: ______ Klasse: ______ Datum: ______

15 Fertigen eines Hallenbinders

Informieren Sie sich im Lehrbuch, Abschnitt 15.

Benennen Sie das dargestellte Tragsystem.

Dreigelenkbogen

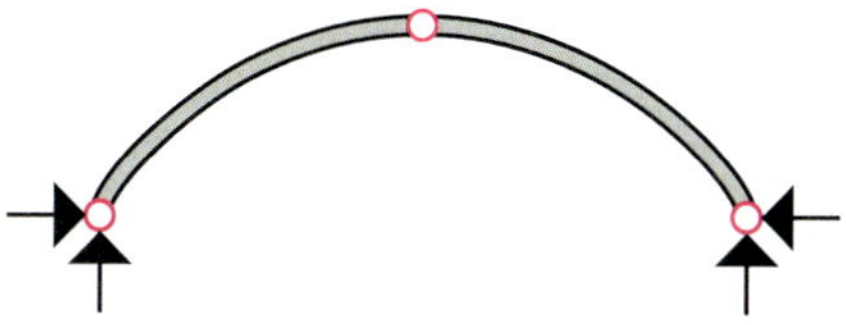

Die Auflagerpunkte müssen waagerecht wirkende Kräfte aufnehmen können. Machen Sie einen Vorschlag, wie diese waagerechten Kräfte aufgehoben werden können.

durch ein Zugband

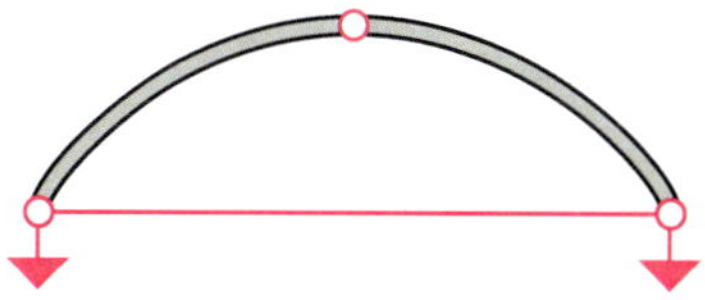

Ergänzen Sie die Skizze mit Ihrem Vorschlag. Kennzeichnen Sie die Kräfte, die dann noch aus der Konstruktion auf das Auflager wirken.

Mit welchen Lasten ist bei der Dimensionierung von Trägern generell zu rechnen?

1. Eigenlasten
2. veränderlichen Lasten

Sie planen die Konstruktion für ein landwirtschaftlich genutztes Lagergebäude. Die Dachkonstruktion soll mit einem BSH-Träger ausgeführt werden.

Welche drei Einflüsse und Planungsüberlegungen bestimmen die **Querschnittsbemessung** eines Binders?

1. Stützweite
2. Dachlast pro m^2 Dachfläche
3. Binderabstand

Welche Höhe (von … bis) muss für den Träger ungefähr angenommen werden (Faustformel), wenn das Lagergebäude 18 m breit sein soll?

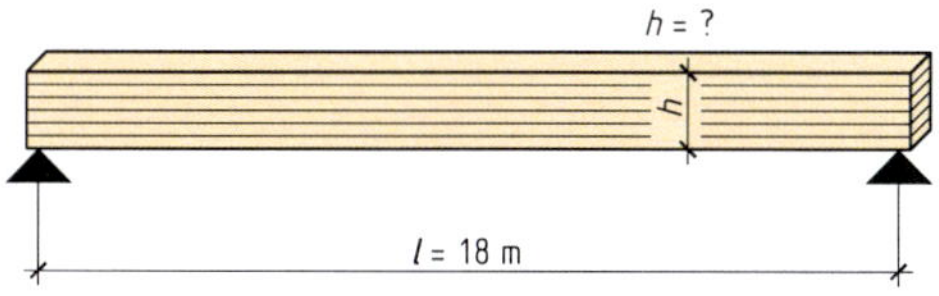

Faustformel: $h = l/15$ bis $l/20$

$h = 18 : 15 = 1{,}20$ m

$h = 18 : 20 = 0{,}90$ m

Der Träger muss ca. 0,90 m bis 1,20 m hoch sein.

In welcher ungefähren Breite (von … bis) kann das Lagergebäude mit dem abgebildeten Träger ausgeführt werden?

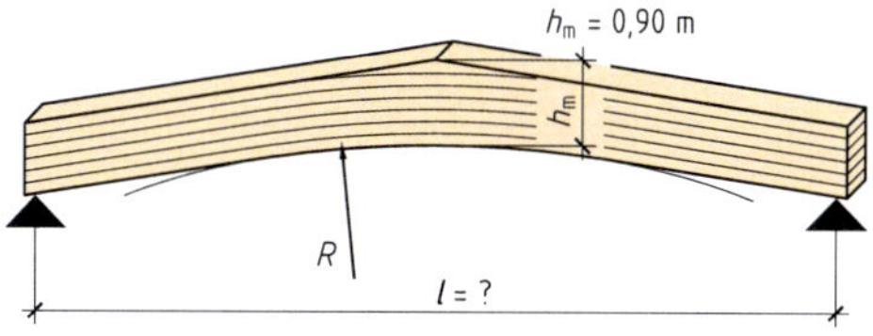

Faustformel: $h_m = l/14$ bis $l/18$

$l = 0{,}90 \text{ m} \cdot 14 = 12{,}60$ m

$l = 0{,}90 \text{ m} \cdot 18 = 16{,}20$ m

Die Lagerhalle kann ca. 12,60 m bis 16,20 m breit sein.

Name: ____________ Klasse: ____________ Datum: ____________

15 Fertigen eines Hallenbinders

Träger besonderer Bauart, Nagelplattenbinder

Erläutern Sie die Unterschiede zwischen einem Balkenbinder aus BSH und einem Nagelplatten-balkenbinder hinsichtlich folgender Kriterien:

Kriterien	BSH – Balkenbinder 	Nagelplattenbalkenbinder 
verwendete Holzwerkstoffe	Brettlamellen	Furnierschichtholz
Wirtschaftlichkeit	aufwendigere Herstellung	schnelle Herstellung
Verbindung	verleimte Brettlamellen	eingepresste Nagelplatten
Festigkeit	hohe Festigkeit	geringere Festigkeit

Für ein Lagergebäude mit Satteldach ist eine Konstruktion aus Nagelplattenbindern vorgesehen. Berechnen Sie, ausgehend vom statischen System, die Längen der Stäbe (Vertikalstäbe *v*, Diagonalstäbe *d*) und des Obergurtes *o*. Die Querschnitte sind zu vernachlässigen. Beziehen Sie die Berechnung auf die Achsen der Bauteile.

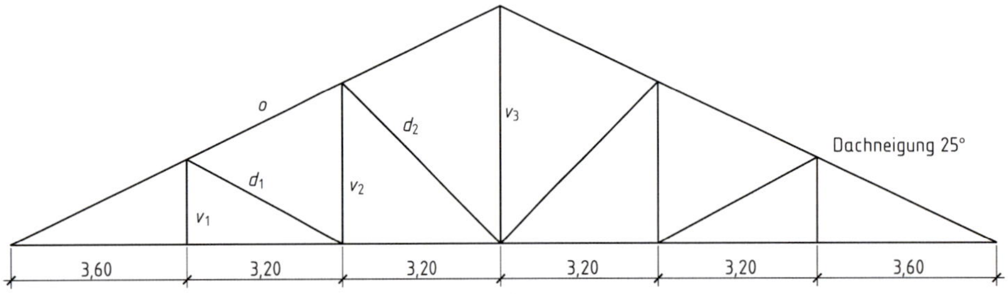

v_1 $\tan 25° = \frac{v_1}{3{,}60\ m}$ $v_1 = \tan 25° \cdot 3{,}60\ m$ $v_1 = 1{,}679\ m$	v_2 $v_2 = \tan 25° \cdot 6{,}80\ m$ $v_2 = 3{,}171\ m$	v_3 $v_3 = \tan 25° \cdot 10{,}00\ m$ $v_3 = 4{,}663\ m$
d_1 $d_1^2 = 3{,}20^2 + v_1^2$ $d_1 = \sqrt{3{,}20^2 + 1{,}679^2}$ $d_1 = 3{,}614\ m$	d_2 $d_2 = \sqrt{3{,}20^2 + 3{,}171^2}$ $d_2 = 4{,}505\ m$	o $\cos 25° = \frac{10{,}00\ m}{o}$ $o = \frac{10{,}00\ m}{\cos 25°} = 11{,}034\ m$

Name: ______________ Klasse: ______________ Datum: ______________

15 Fertigen eines Hallenbinders

Fachwerkträger lassen sich durch die Verbindungsart ihrer Einzelteile unterscheiden.
Benennen Sie die abgebildeten Träger.

Nagelbinder

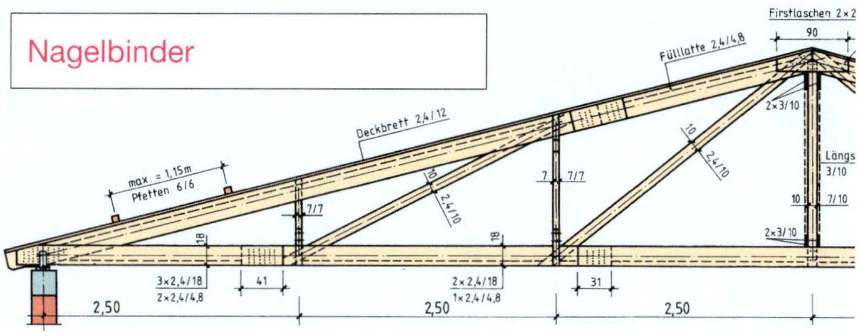

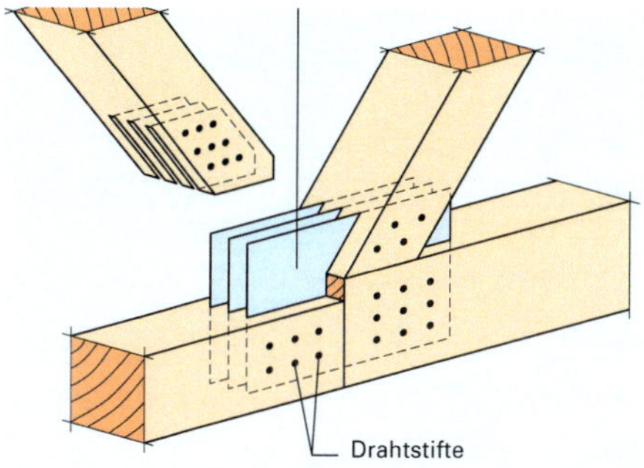

Binder mit Stahlblech-Nagelverbindungen

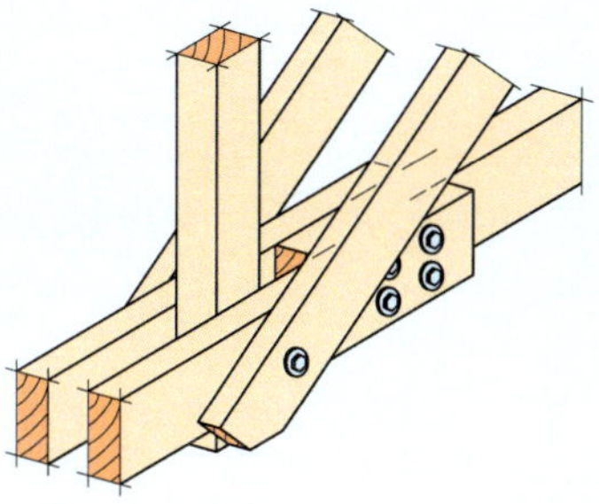

gedübelter Kantholzbinder

Nagelplattenbinder

Ergänzen Sie den Text, indem Sie die Begriffe an die richtige Stelle setzen.

Querkräfte – diagonal – Nullstäbe – Zugstab – Druck – größer – Untergurt – vertikal – Biegedruckkräfte – Obergurt – Holzquerschnitten – Gurtkräfte – Stegträger – Füllstäbe – Zug

Beim Fachwerkträger nimmt der Obergurt die Biegedruckkräfte auf. Der Untergurt nimmt die Biegezugkräfte auf. Man bezeichnet den Obergurt daher auch als Druckstab und den Untergurt als Zugstab. Anstelle flächiger Stege, wie beim Stegträger, werden Füllstäbe eingesetzt. Sie werden diagonal und vertikal angeordnet und tragen die Querkräfte zu den Auflagern ab. Sie werden sowohl auf Druck als auch auf Zug beansprucht. Die Trägerhöhe von Fachwerkträgern ist größer als bei Biegeträgern mit Rechteckquerschnitt. Dafür reduzieren sich die Gurtkräfte, was zu kleineren Holzquerschnitten führt. Stäbe oder Gurte, die weder auf Zug noch auf Druck beansprucht werden, werden Nullstäbe genannt.

Benennen und kennzeichnen Sie beim abgebildeten Fachwerkträger die einzelnen Stäbe und geben Sie die wirkende Kraft an (Zug oder Druck).

Vertikalstäbe/Druck

Obergurt/Druck

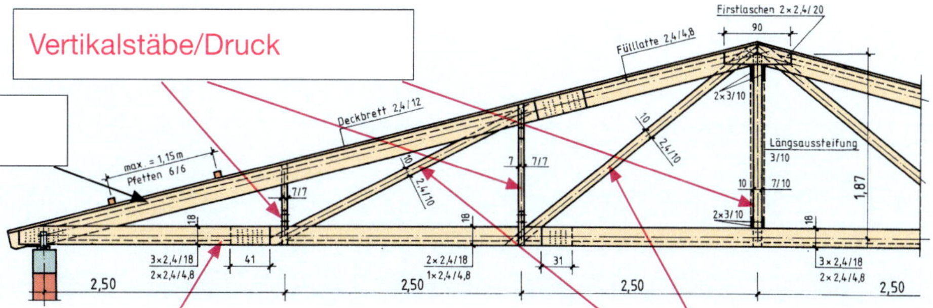

Untergurt/Zug

Diagonalstäbe/Zug

Name:

Klasse:

Datum:

15 Fertigen eines Hallenbinders

Fachwerkträger II

Kennzeichnen Sie bei den parallelgurtigen Trägern die Druckstäbe mit ROT und die Zugstäbe mit BLAU.

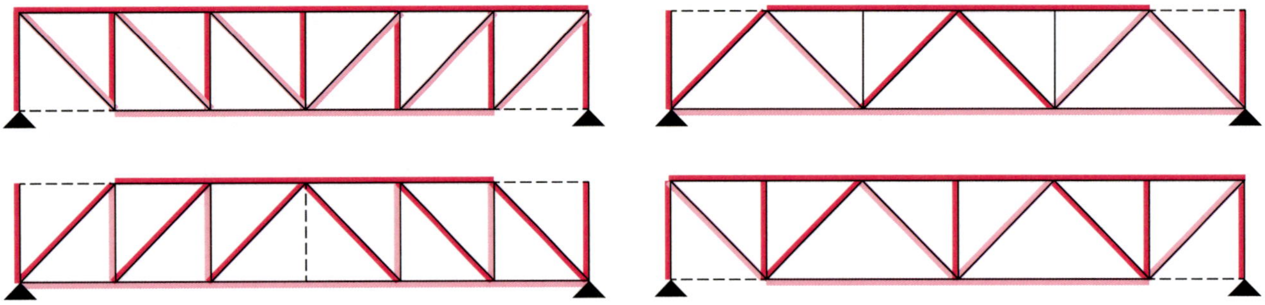

Formulieren Sie eine Regel, mit der Sie bei parallelgurtigen Trägern beurteilen können, welche Stäbe auf Druck und welche auf Zug beansprucht werden.

Streben zum Auflager hin fallend → Druck
Streben zum Auflager hin steigend → Zug

Ordnen Sie die Binderformen durch Pfeile den überschlägigen Bemessungsformeln für die Höhe ***h*** zu.

Parallelbinder	↘	*h* = *l*/5 bis *l*/8
Trapezbinder	→	*h* = *l*/8 bis *l*/10
Dreiecksbinder	↗	*h* = *l*/10 bis *l*/15

Parallelbinder → *h* = *l*/10 bis *l*/15
Trapezbinder → *h* = *l*/8 bis *l*/10
Dreiecksbinder → *h* = *l*/5 bis *l*/8

Sind die Aussagen richtig oder falsch? (Kreuzen Sie an)

richtig	falsch	
⊗	○	Für Fachwerkträger werden generell weniger Holzwerkstoffe benötigt.
○	⊗	Die Gesamtkosten eines Fachwerkträgers sind nur von der Art der Verbindungsmittel abhängig.
○	⊗	Die Höhe eines Fachwerkbinders hängt in erster Linie vom Abstand der Binder untereinander ab.
⊗	○	Bei Fachwerkträgern führt die Verwendung von Bauschnittholz zu wirtschaftlichen Ergebnissen.
○	⊗	Fachwerkträger aus Nagelplattenbindern sind aufgrund der aufwendigen Herstellung eher unwirtschaftlich.
○	⊗	Kleinformatige Stäbe, die nur Zugkräfte aufnehmen müssen, sind für die Anforderungen an den Brandschutz zu vernachlässigen.
⊗	○	Bei Stäben, die auf Druck beansprucht werden, empfiehlt sich die Verwendung von Kanthölzern.

Name: ______________ Klasse: ______________ Datum: ______________

16 Herstellen einer gewendelten Treppe

Unten stehende Treppe (Handskizze ohne Maßstab) hat ein Steigungsverhältnis von 17,3 cm/28,4 cm. Berechnen Sie die **Höhe *h*** und die fehlende **Länge *l***.

$h = 14 \cdot 17{,}3 = 2{,}42^2$ m

Lauflänge:

$l' = 13 \cdot 28{,}4 = 3{,}69^2$ m

$l = l' + 0{,}15 - \frac{1{,}00 \cdot \pi}{4} - 1{,}20$

$= 3{,}69^2 + 0{,}15 - 0{,}75^5 - 1{,}20$

$= \underline{1{,}85^7 \text{ m}}$

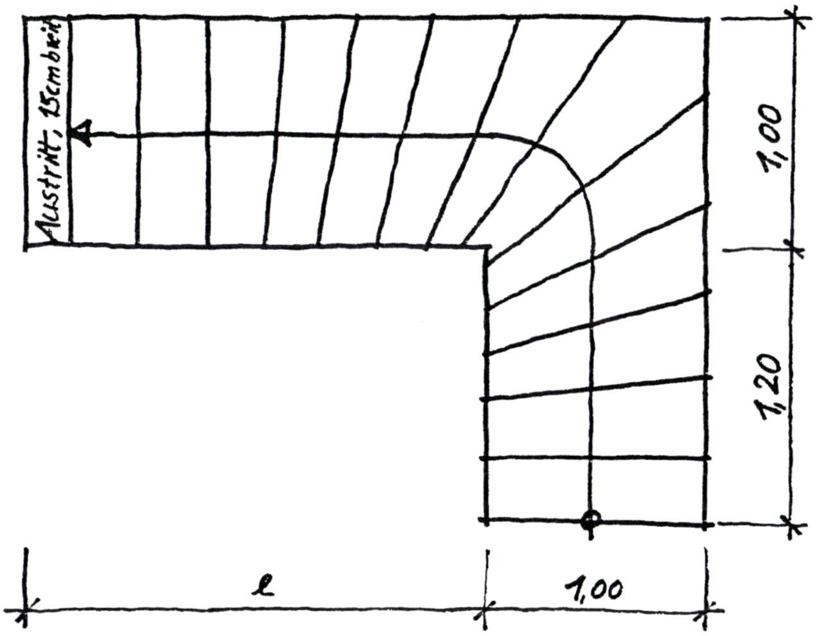

Beurteilen Sie die Treppengrundrisse

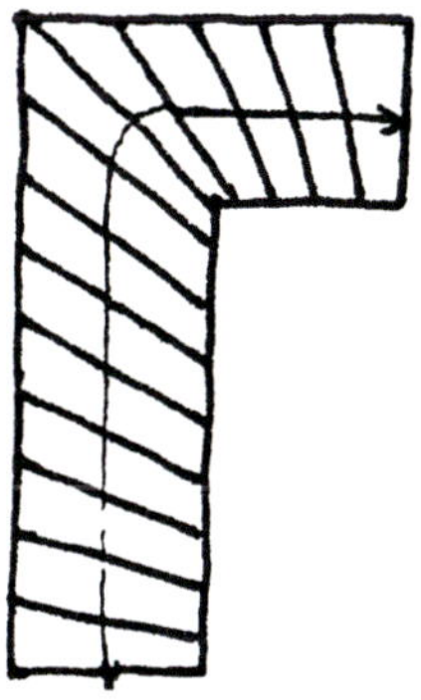

A

B

nach Aufwand für Herstellung		Aussehen (auch Wangen)	Begehbarkeit
A	Stufen aufwendig herzustellen	gerade Wangen, fehlender „Schwung“	Lauflinie und Stufenvorderkante nicht im rechten Winkel, unangenehm zu begehen
B	kleiner Aufwand für Stufen	gerade Wangen, Höhenversatz an Lichtwange, Knick an Wandwange	außerhalb der Lauflinie schwierig zu begehen (z. B. für Kinder)

Name: ____________ Klasse: ____________ Datum: ____________

16 Herstellen einer gewendelten Treppe

Verziehung I

Die unten stehende Treppe soll nach der **Proportionalmethode** verzogen werden.
Das Steigungsverhältnis beträgt 18 cm/26,3 cm. Es sollen die Auftritte 4 … 12 verzogen werden.

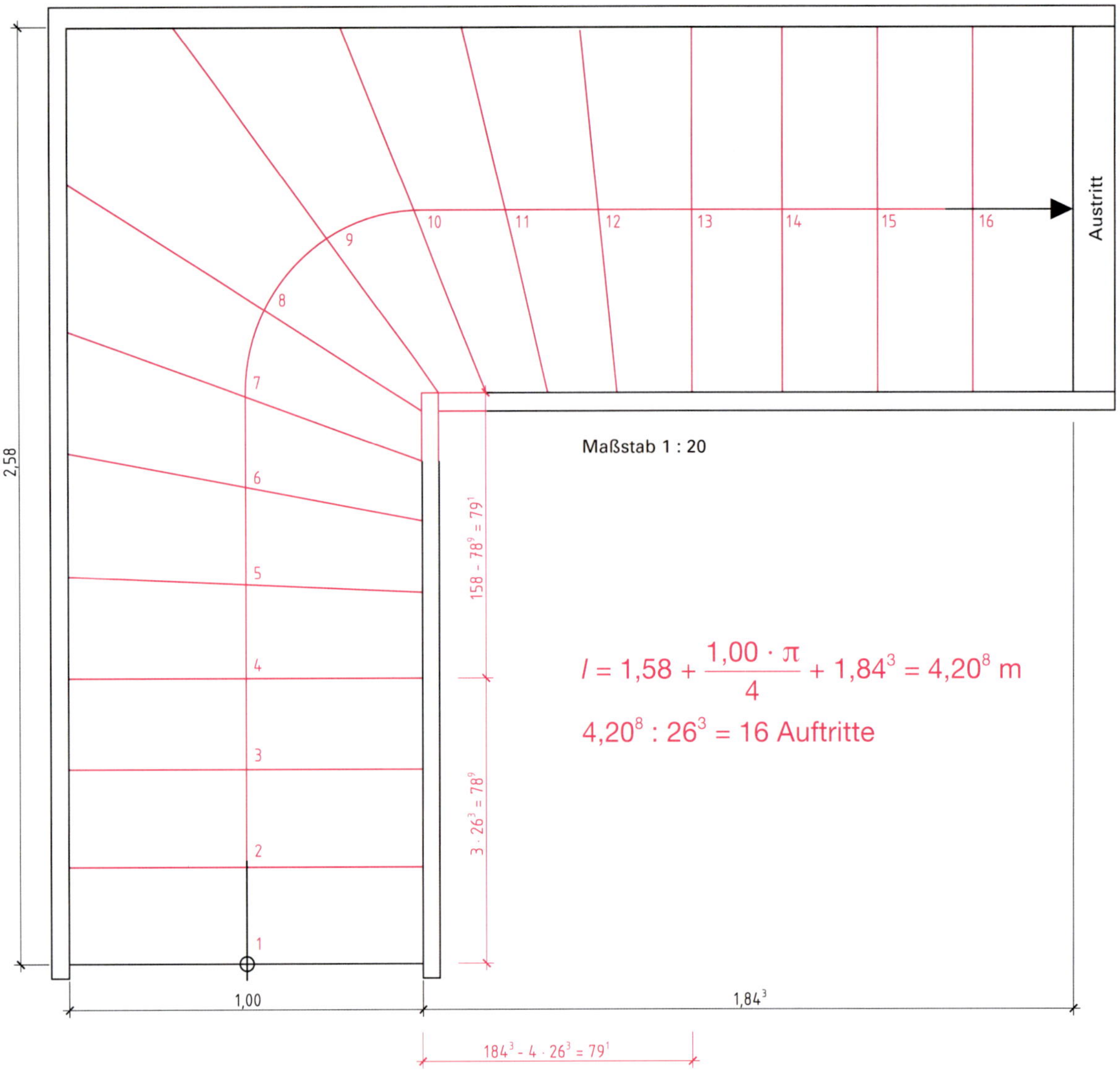

$$l = 1{,}58 + \frac{1{,}00 \cdot \pi}{4} + 1{,}84^3 = 4{,}20^8 \text{ m}$$

$$4{,}20^8 : 26^3 = 16 \text{ Auftritte}$$

Platz für Hilfskonstruktionen

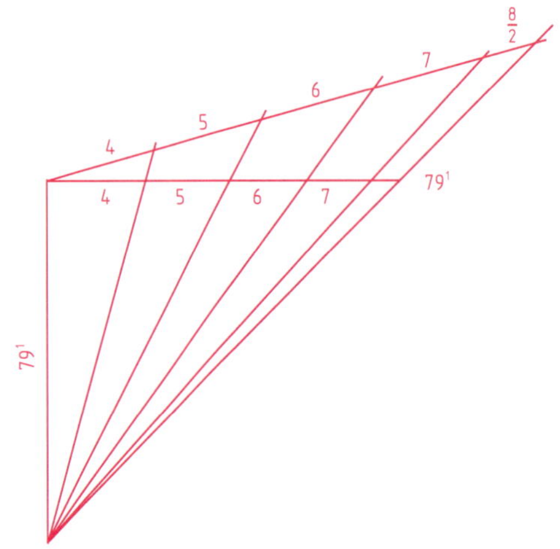

Name: ____________ Klasse: ____________ Datum: ____________

Berechnung, Verziehung II

16 Herstellen einer gewendelten Treppe

Die vorliegende, **vollgestemmte Treppe** hat den abgebildeten **Grundriss** (die Linien am Antritt und Austritt bezeichnen die Setzstufenvorderkanten, die Lauflänge ist also festgelegt).

a) Berechnen Sie Steigung und Auftritt, wenn der Höhenunterschied der Fertigfußböden 2,58 m beträgt und das Steigungsmaß möglichst nahe bei 17 cm liegen soll.

b) Verziehen Sie die Treppe nach der **Proportionalmethode** und tragen Sie die Verziehung im Grundriss ein (verzogen werden sollen die Auftritte 3 bis 11).

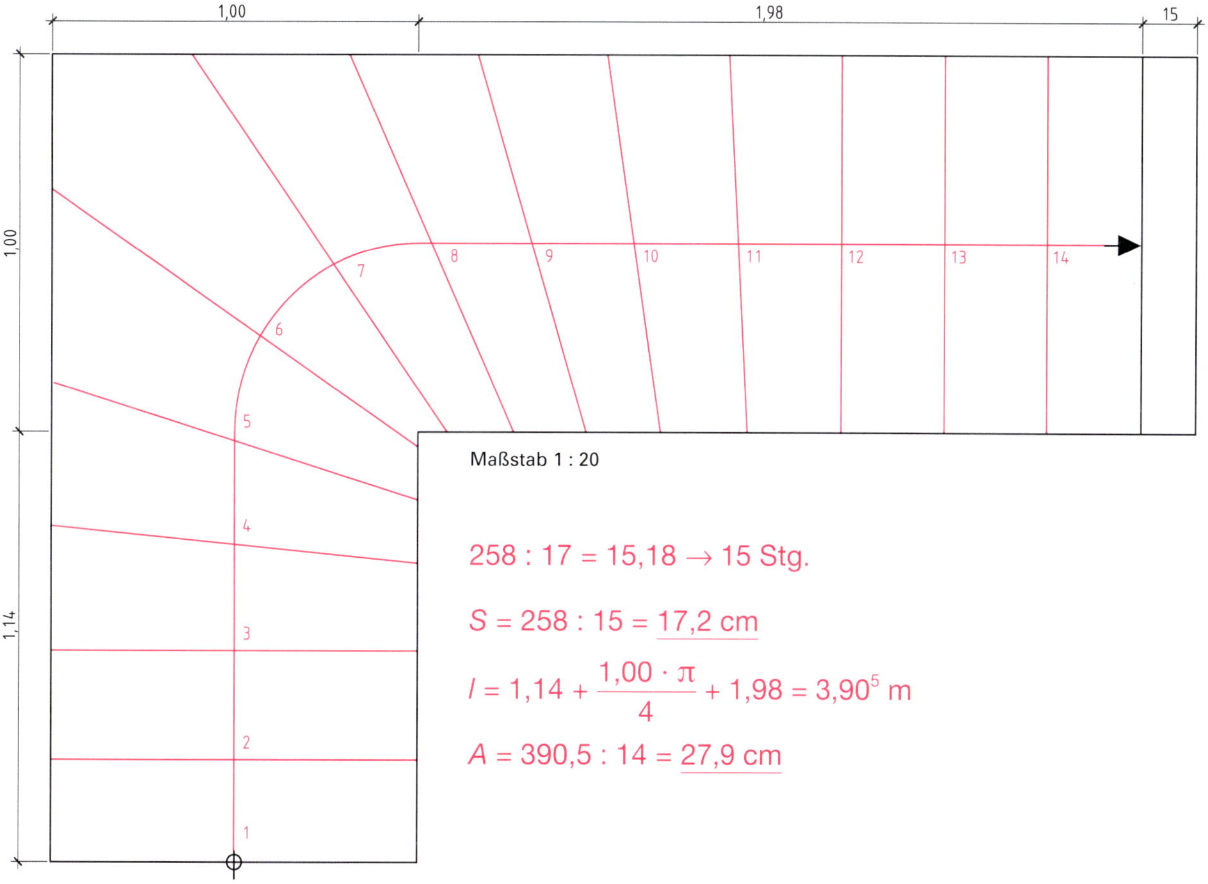

Maßstab 1 : 20

258 : 17 = 15,18 → 15 Stg.

$S = 258 : 15 = \underline{17{,}2\ \text{cm}}$

$$l = 1{,}14 + \frac{1{,}00 \cdot \pi}{4} + 1{,}98 = 3{,}90^5\ \text{m}$$

$A = 390{,}5 : 14 = \underline{27{,}9\ \text{cm}}$

Berechnungen und Hilfskonstruktionen

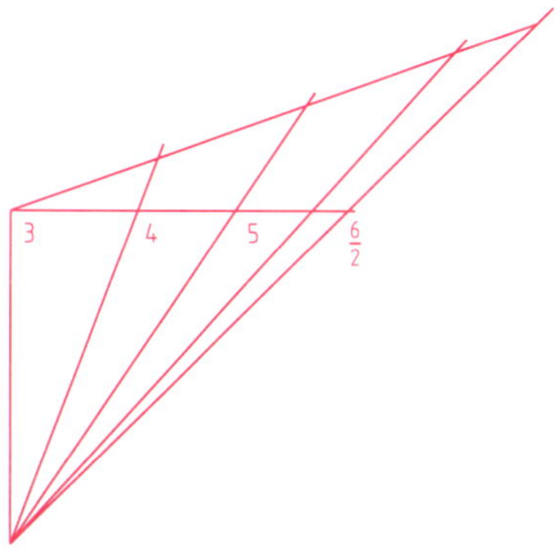

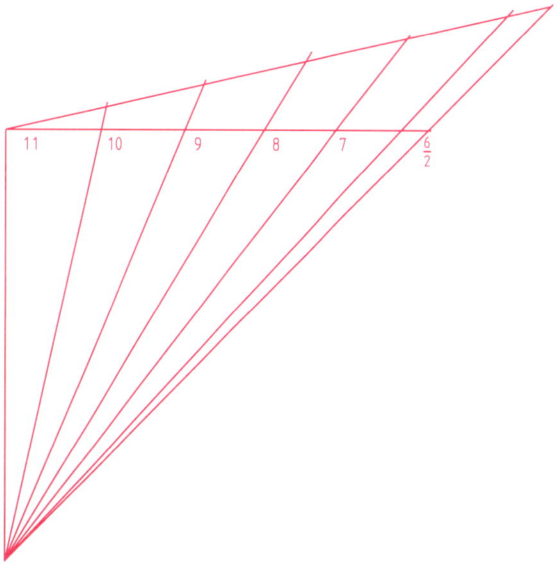

Name:	Klasse:	Datum:

16 Herstellen einer gewendelten Treppe

Austragung

Konstruieren Sie für die vollgestemmte, viertelgewendelte Treppe die Austragung der unteren Wandwange. Übertragen Sie dazu die Stufenmaße aus der vorigen Aufgabe in den Grundriss.

Maße
Wangenbesteck: 5 cm
Stufendicke: 5 cm
Setzstufenstärke: 2 cm

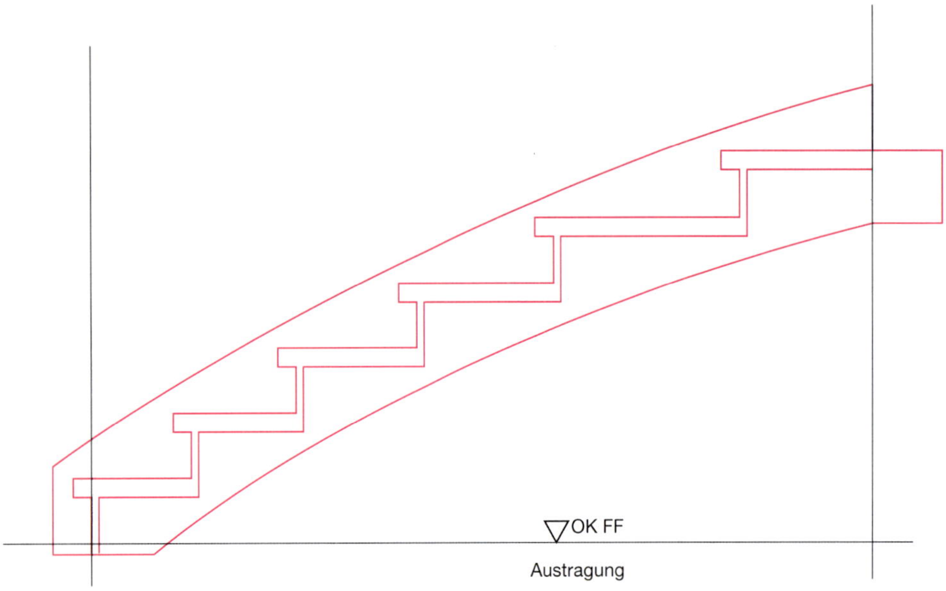

Austragung

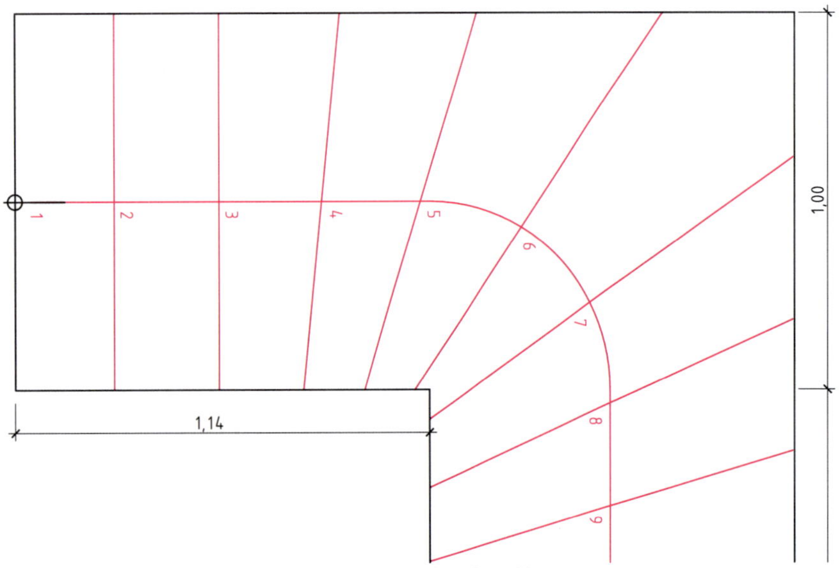

Grundriss

Name:	Klasse:	Datum:

Trittstufen	16 Herstellen einer gewendelten Treppe

Die Herstellung von Trittstufen kann in **12 Arbeitsschritte** gegliedert werden. Bringen Sie diese Schritte in eine **sinnvolle Reihenfolge** (Nummer) und ordnen Sie den Schritten jeweils die **Abbildungen** zu (Buchstabe):

4	Stäbe auf gleiche Dicke hobeln auf der Dickenhobelmaschine	9 E	Anreißen der Stufen nach Plan oder auf dem Reißboden und Zusägen
10	Schleifen der Trittoberflächen (Körnung 80), Auskitten von Fehlstellen und Schleifen (Körnung 150)	5 F	Stäbe nach Maserung und Farbe zusammenstellen zum jeweiligen Tritt und kennzeichnen
2 D	Bohlen besäumen und aufsägen nach ermitteltem Materialbedarf	12	Oberflächenbehandlung (Versiegeln, Ölen, Wachsen)
11	Abrunden und Schleifen der Kanten (Körnungen 80 und 150)	7 B	Verleimen der Stäbe und Spannen (Schraubzwingen oder Spannvorrichtungen)
3	Stäbe abrichten und fügen auf der Abrichthobelmaschine	1 C	Holzbohlen aus Blockstapel auswählen nach Holzqualität
6 A	Leimoberflächen der Stäbe mit Fräser vergrößern (kein Verrutschen beim Spannen, größere Festigkeit)	8	Hobeln der verleimten und ausgehärteten Trittstufen auf der Dickenhobelmaschine

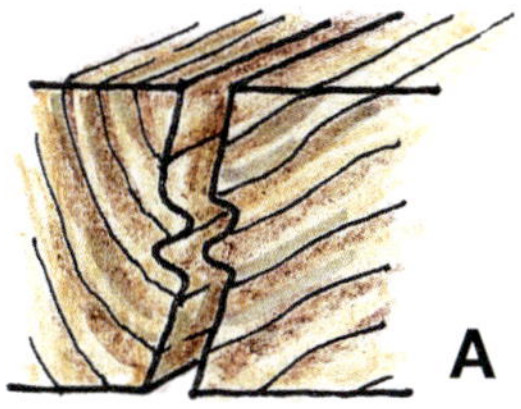
A

B

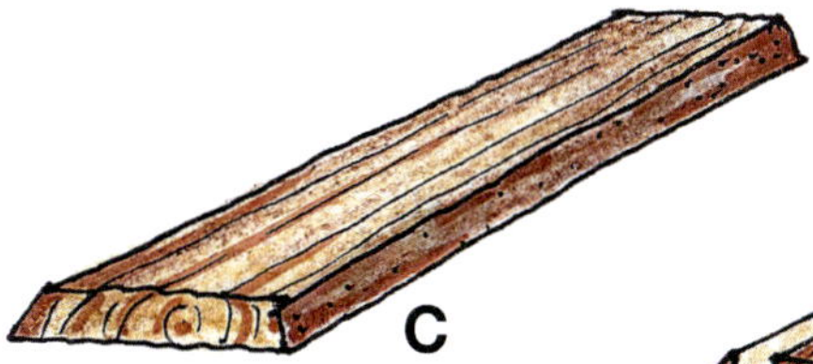
C

D

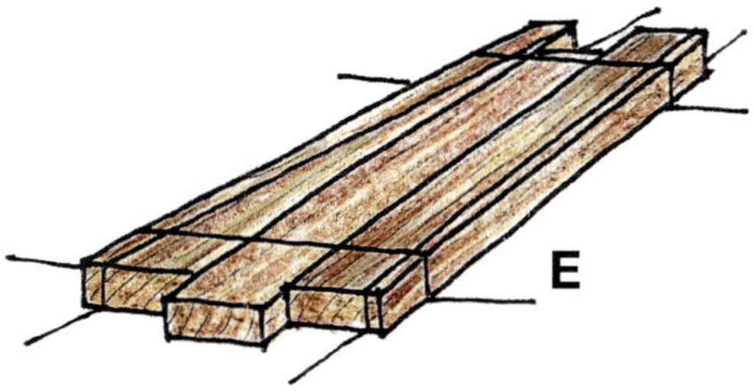
E

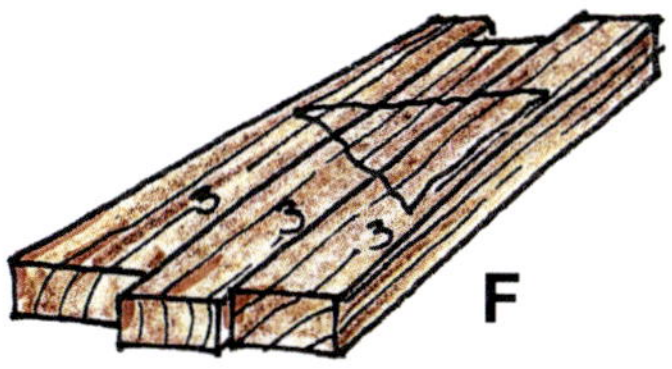
F

Name:	Klasse:	Datum:

16 Herstellen einer gewendelten Treppe

Beurteilung einer Treppe

Die abgebildete **viertelgewendelte Treppe** steht in einem Einfamilienhaus. Sie wurde weitgehend in Eigenleistung erstellt. Dabei wurden sowohl einige Fehler gemacht als auch verschiedene Details ungünstig gelöst.

Sollten Sie die Aufgabe in der Gruppe bearbeiten, gehen Sie folgendermaßen vor:
- erarbeiten Sie verschiedene Lösungsvorschläge,
- diskutieren Sie über die Lösungen und einigen Sie sich auf die beste Lösung,
- präsentieren Sie Ihr Ergebnis Ihren Mitschülern und begründen Sie dabei Ihre Entscheidungen.

Beurteilen Sie die Treppe hinsichtlich

Holzauswahl Kiefernholz: für die Wangen geeignet, als Trittstufen sehr weich und deshalb eher ungeeignet

Verziehung nur 4 Tritte „verzogen“, unschön, Knick in der Wandwange, großer Höhenversatz an Freiwange und Knick

Eckverbindung Freiwange ungünstig: sichtbare Schrauben, untere Wange läuft nach hinten weiter

Finden Sie weitere Punkte? Maserung/Fasern laufen am Geländer schräg
Schraubenköpfe teils abgedeckt, teils sichtbar

Name: ______________________ Klasse: ______________ Datum: ______________

17 Sanieren eines Fachwerkhauses

Das abgebildete **Fachwerkhaus** steht im Süden Deutschlands.

a) Was fällt im Hinblick auf den **Stil** auf? zwei Stile, alemannisch und fränkisch

b) Was könnte Ihrer Meinung nach der **Grund** für diese Auffälligkeiten sein?

Der Querbau im Hauptdach wurde später erstellt und im fränkischen Stil ausgeführt.

Wie nennt man diese **Holzverbindung** am Schwelleneck?

französisches Druckblatt

Welche Aussage lässt sich zur Bauzeit dieses Fachwerkdetails machen?

Eingeblattete Fußbänder deuten auf eine Bauzeit vor 1500 n. Chr. hin (alemannischer Stil).

Name: Klasse: Datum:

17 Sanieren eines Fachwerkhauses

Schadensbilder

Die folgenden Fotos zeigen **Schadensbilder** am Holz. Beschreiben Sie jeweils kurz die sichtbaren **Merkmale** und benennen Sie das **Schadensbild** und geben Sie einen möglichen **Verursacher** an:

Merkmale: marmoriertes Bohrmehl, großflächiger Fraß im Außenbereich des Stammes, Ribbelmarken, ovales Ausflugloch

Schadensbild: Insektenbefall

Verursacher: Scheibenbock

Merkmale: kreisrunde, kleine Fraßgänge, vornehmlich im Frühholz

Schadensbild: Insektenbefall

Verursacher: Nagekäfer („Trotzkopf")

Merkmale: Braunverfärbung, Würfelbruch, Verlust der Tragfähigkeit (Teile abgebrochen)

Schadensbild: Braunfäule

Verursacher: Braunfäulepilze (Hausschwamm o. Ä.)

Merkmale: große, ovale Fraßgänge und Ausfluglöcher, Ribbelmarken durch Kauwerkzeuge von Insekten

Schadensbild: Insektenbefall

Verursacher: Hausbockkäfer

Merkmale: Verwitterung, „Waschbrettstruktur", Graufärbung

Schadensbild: Vergrauung

Verursacher: UV-Licht und Regen

Merkmale: Braun- bis Schwarzfärbung, Myzelstränge, Würfelbruch

Schadensbild: Braunfäule

Verursacher: Braunfäulepilze (Kellerschwamm o. Ä.)

Name: ______ Klasse: ______ Datum: ______

17 Sanieren eines Fachwerkhauses

Eine alte Scheune soll saniert werden. In der unmittelbaren Umgebung stehen schöne Beispiele bereits renovierter Objekte. Um ein Konzept zu erstellen, benötigen die am Bau Beteiligten eine Aufnahme der Bausubstanz.

Die Scheune

Details der Fassaden

Name:	Klasse:	Datum:

Fertigen Sie eine Freihandskizze der Seitenwand in den vorbereiteten Umrissen an.

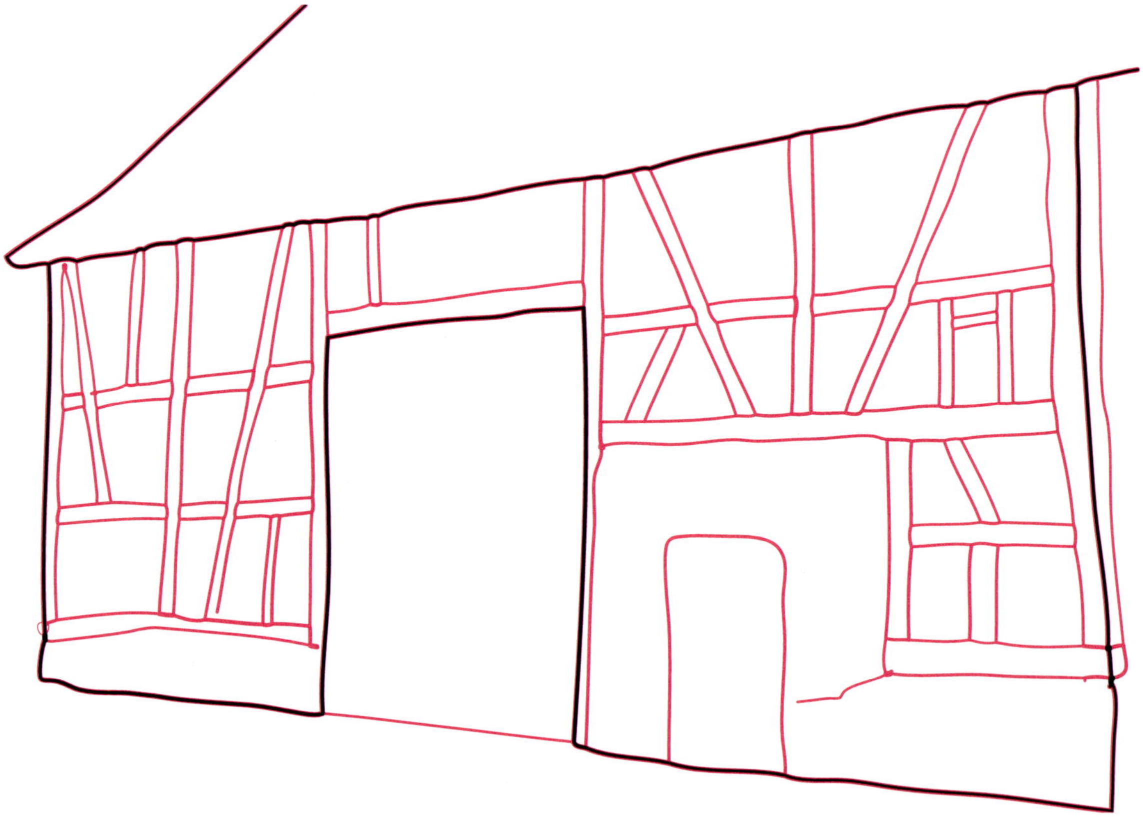

Name:	Klasse:	Datum:

Sanierungskonzept, Freihandzeichnen	# 17 Sanieren eines Fachwerkhauses

Die folgenden Fachwerkteile sind durch Braunfäule geschädigt (dunkle Färbung: Würfelbruch). Skizzieren Sie die Teile nochmals freihand und zeichnen Sie Ihren Lösungsvorschlag jeweils ein (siehe auch Buch, Seite 358).

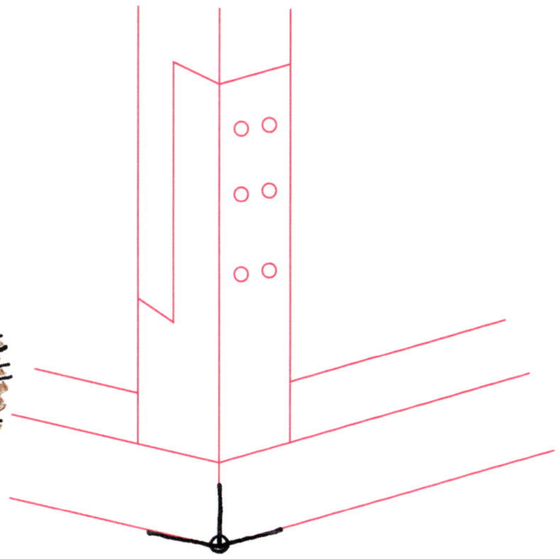

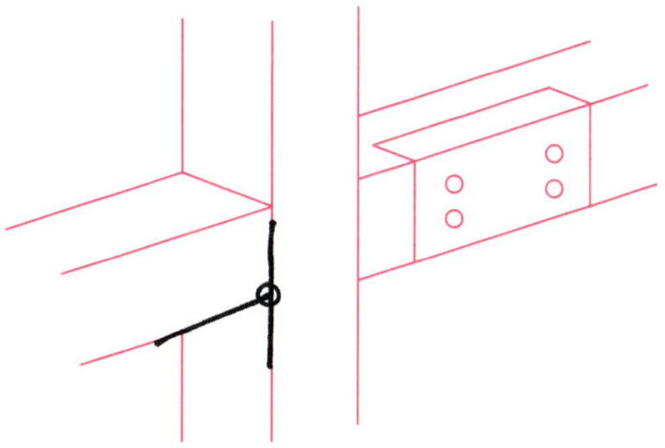

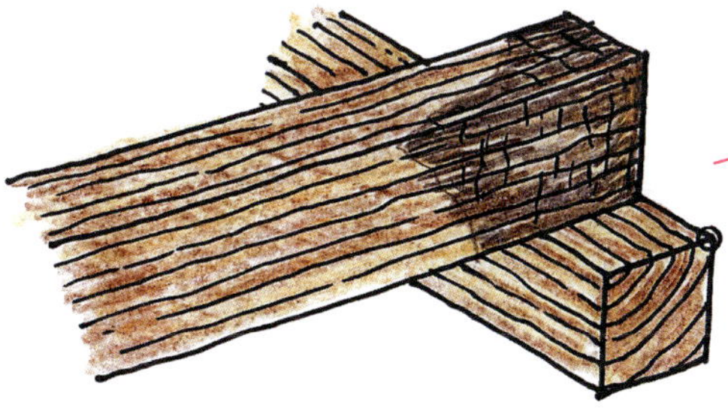

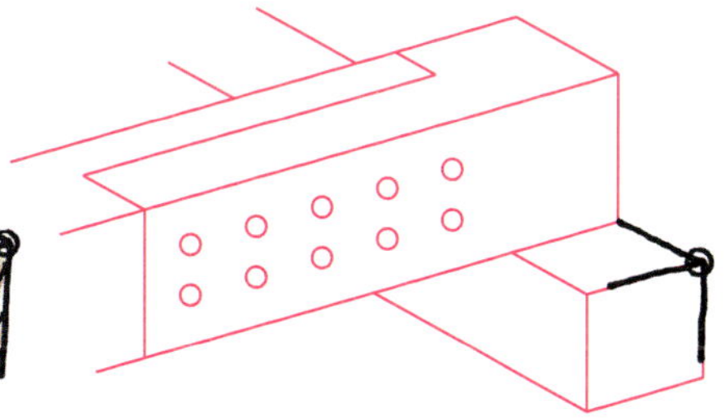

Name: ______________________ Klasse: ____________ Datum: ____________

17 Sanieren eines Fachwerkhauses

Chemischer Holzschutz

Informieren Sie sich im Lehrbuch, Abschnitt 9.2.

Nennen Sie jeweils drei Vorteile des konstruktiven und des chemischen Holzschutzes

konstruktiver Holzschutz	chemischer Holzschutz
Vorteile:	Vorteile:
– keine chemischen Gifte	– auch bekämpfend wirksam
– dauerhaft wirksam	– wirksam auch bei extremer Beanspruchung
– kostengünstig	– wiederholt anwendbar

Wann sind chemische Holzschutzmaßnahmen erforderlich?

wenn das Holz tragender Bauteile der Gefahr von Bauschäden durch Organismen (z. B. Holz zerstörenden Pilzen oder Insekten) ausgesetzt ist

Welche Informationen gehen aus den Gebrauchsklassen hervor?

Gebrauchsbedingungen (z. B. Innenbereich, Außenbereich), Ausgesetztheit gegenüber Befeuchtung, Art der Organismen

Beschreiben Sie die Gebrauchsklasse 3.

Außenbereich ohne Erdkontakt, geschützt bzw. ungeschützt, gelegentlich bis häufig feucht, beansprucht durch Holz zerstörende Käfer und Pilze

Vervollständigen Sie die Darstellung der Einbringverfahren.

Einbringverfahren

- Druckverfahren
- Nichtdruckverfahren
- Sonderverfahren

Beim Umgang mit chemischen Holzschutzmitteln müssen bestimmte Grundsätze beachtet werden. Nennen Sie mindestens sechs dieser Grundsätze.

1. unter Verschluss lagern
2. Reste als Sondermüll entsorgen
3. nicht im Freien spritzen/sprühen
4. Schutzkleidung tragen
5. Atemschutz anlegen
6. nach dem Verarbeiten Körper gründlich reinigen

Name: Klasse: Datum:

18 Warten eines Niedrigenergiehauses

Informieren Sie sich im Lehrbuch, Abschnitt 18.1.

Wohnhäuser in Holzbauweise zeichnen sich durch einen sehr geringen Heizenergieverbrauch aus. Nennen Sie Gründe für das Einsparen von Heizenergie.

- Reduktion der CO_2-Emission
- Senkung der Betriebskosten eines Gebäudes
- Ressourcenschonung
- Zunahme der Wohnfläche

Stellen Sie die Abnahme des Heizenergiebedarfs von 1980 bis 2012 als Säulendiagramm dar.

Jahr	Heizenergiebedarf in kWh je m^2 Nutzfläche und Jahr in kWh/(m^2 a) *)	Bauweise
1980	180	Herkömmliche Bauweise
1985	120	
1990	10	Niedrigenergiehaus
1995	8	
2000	5	
2005	2	Passivhaus
seit 2012	0	

*) Durchschnittliche Werte für Wohnhäuser in Holzbauweise.

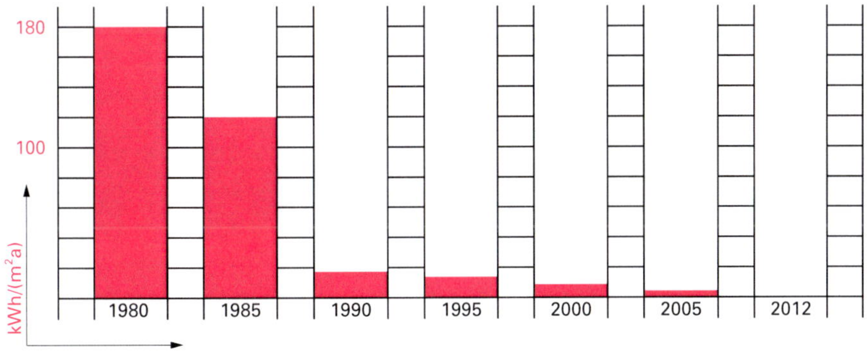

Energiebilanz

Eine Bilanz kann durch eine Waage im Gleichgewicht veranschaulicht werden.

Tragen Sie die Energiegewinne bzw. den Energiebedarf eines Wohnhauses auf beiden Seiten der „Waage" ein.

Jahresheizenergiebedarf

solare Wärmegewinne

regenerative Wärmegewinne

interne Wärmegewinne

Transmissionswärme

Lüftung

Verluste der Anlagentechnik

Warmwasserbereitung

Name: ____________ Klasse: ____________ Datum: ____________

18 Warten eines Niedrigenergiehauses

Informieren Sie sich im Lehrbuch, Abschnitt 18.1.

Füllen Sie die Textlücken.
Niedrigenergiehäuser müssen eine wärmedämmende Gebäudehülle besitzen.

Die Gebäudehülle erfüllt ihre Funktion, wenn sie folgende Eigenschaften besitzt:

1. hohe Wärmedämmfähigkeit
2. Feuchtigkeitsschutz (Schutz vor Tauwasser)
3. Luftdichtheit

Luftdichtheit

Um Wärmeverluste zu vermeiden, ist eine luftdichte Gebäudehülle erforderlich. Undichte Stellen in der Gebäudehülle werden als Leckagen bezeichnet. Nennen Sie die wichtigsten Ursachen für Leckagen.

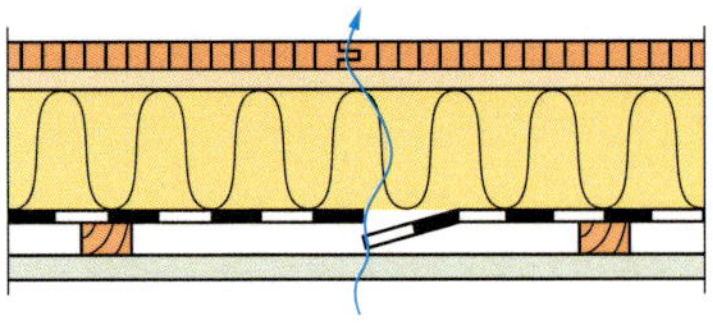

(schematischer Schnitt durch eine Wand)

infolge einer undichten Dampfbremse

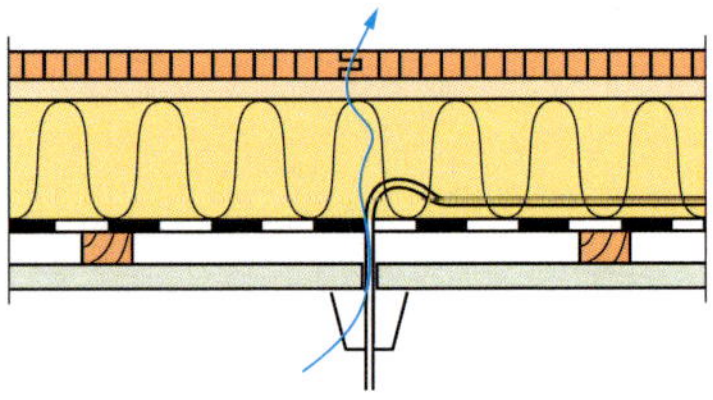

(schematischer Schnitt durch eine Wand)

infolge einer Kabeldurchdringung

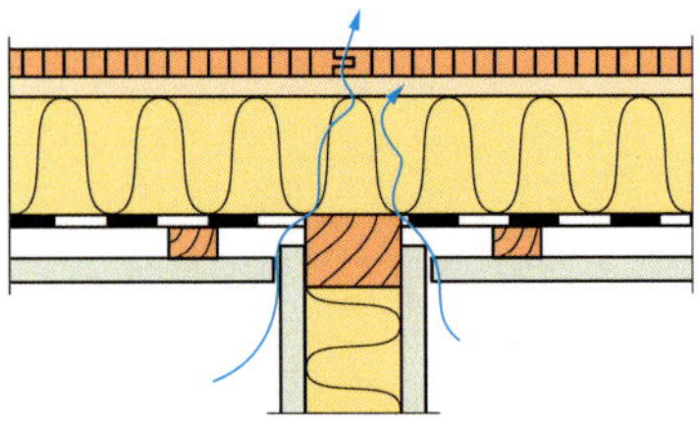

(schematischer Schnitt durch eine Wand)

infolge eines undichten Bauteilanschlusses

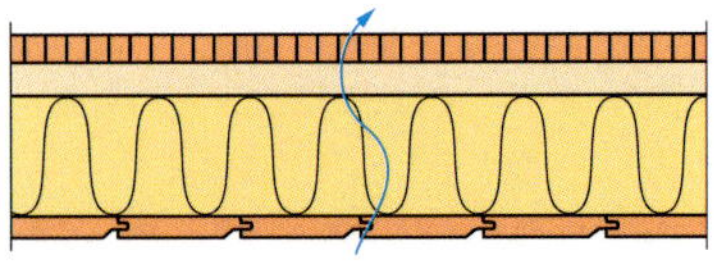

(schematischer Schnitt durch eine Decke)

infolge einer undichten Bekleidung

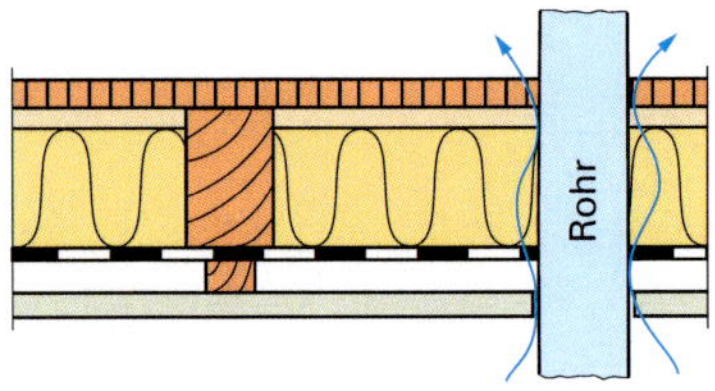

(schematischer Schnitt durch eine Wand)

infolge einer Rohrdurchdringung

Beschreiben Sie die Blower-door-Prüfung.

Mit einem Ventilator wird ein Über- bzw. Unterdruck im Gebäudeinnern erzeugt. Danach können durch ein Nebelgerät die Luftbewegung und die undichten Stellen sichtbar gemacht werden.

Name:	Klasse:	Datum:

18 Warten eines Niedrigenergiehauses

Informieren Sie sich im Lehrbuch, Abschnitt 18.5.

Um Schäden vorzubeugen, müssen Holzhäuser gewartet und gepflegt werden.
Wovon kann der Aufwand für Wartungsarbeiten abhängig sein?

von der Bauart, dem Standort, der Nutzung, der Qualität der Baustoffe und der Bauausführung

Fassaden sind verschiedenen Beanspruchungen ausgesetzt. Ergänzen Sie die Tabelle.

Beanspruchung	Auswirkung
Schlagregen	Durchfeuchtung
Sonneneinstrahlung	Erhitzung, Ausbleichung
Temperaturunterschiede	Spannungen im Holz
Wind	mechanische Belastung

Die Fassade schützt die Wandkonstruktion vor Witterungseinflüssen.
Nennen Sie Möglichkeiten für die Ausführung von Fassaden bei Häusern in Holzbauweise.

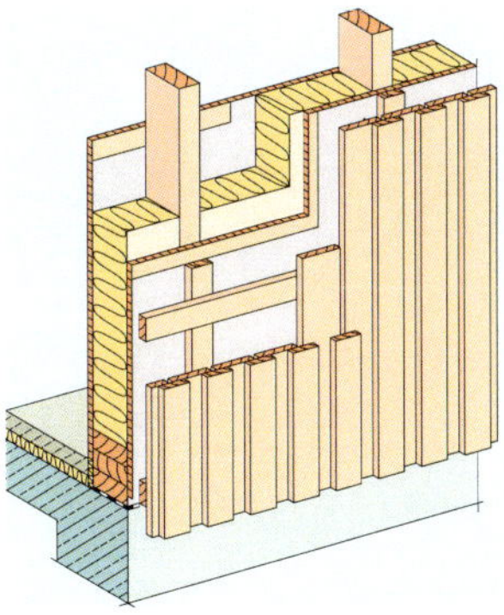

Fassade mit Deckelschalung

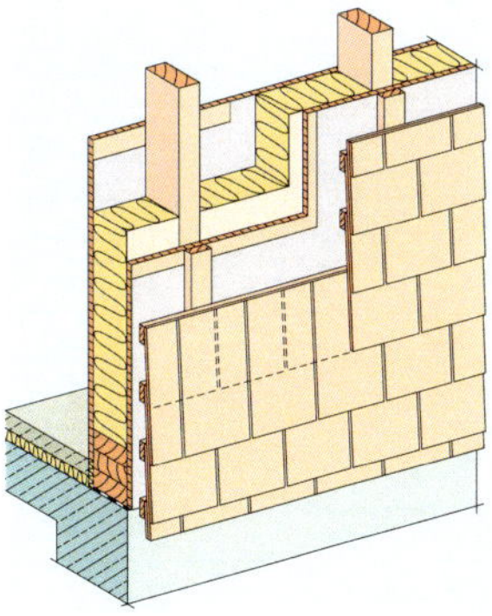

Fassade mit Schindeln

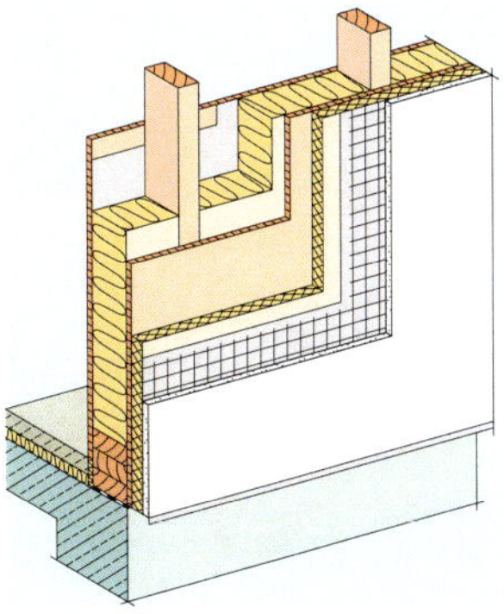

geputzte Fassade

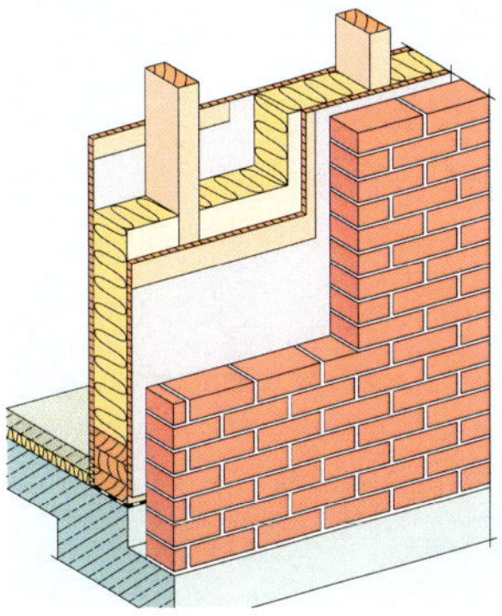

vorgemauerte Fassade

Diskutieren Sie mit Ihren Mitschülerinnen und Mitschülern über die Vorteile, das Aussehen und die Wirkung der einzelnen Fassaden.

Name: ______________ Klasse: ______________ Datum: ______________

18 Warten eines Niedrigenergiehauses

Informieren Sie sich im Lehrbuch, Abschnitt 18.5.2.

Pflege der Fassade

Stoffe zur Oberflächenbehandlung von Holzfassaden sind

Lasuren und Lacke.

Worin unterscheiden sich Dünn- und Dickschichtlasuren von Dispersionslasuren?

Dünn- und Dickschichtlasuren besitzen organische Lösemittel. Bei Dispersionslasuren ist das Lösemittel Wasser.

Nennen Sie die Bestandteile (Komponenten) der Lacke.

Bindemittel + Pigmente + Lösemittel + Hilfsstoffe

Vorgehensweise bei einer Erneuerungsbeschichtung

Beschreiben Sie die Vorgehensweise.

1. nicht tragfähige Altbeschichtung mechanisch entfernen
2. tragfähige Altbeschichtung anlaugen und abwaschen
3. mehrschichtiger Auftrag der Neubeschichtung

Beschichtungsstoffe für den Innenbereich

Nennen Sie die Beschichtungsstoffe.

	Lasuren	Öle	Wachse
Beispiele:	Dünn- und	Leinöl,	Bienenwachs,
	Dickschichtlasur,	Holzöle,	Karnaubawachs
	Dispersionslasur	Rapsöl	

Welche Vorsichtsmaßnahmen sind beim Umgang mit Lasuren und Lacken zu treffen?

Verluste vermeiden, Schutzkleidung, gegebenenfalls Atemschutz tragen, umweltgerechte Entsorgung der Reste

Gefahrensymbole

Geben Sie die Bedeutung der Gefahrensymbole an.

gesundheits-schädlich	gesundheits-gefährdend	leicht- oder hochentzündlich	ätzend

Name: Klasse: Datum:

Bildquellenverzeichnis

Verfasser und Verlag danken den nachstehend genannten Firmen und Verbänden für die Überlassung von Vorlagen zu folgenden Abbildungen:

BG BAU, Berufsgenossenschaft der Bauwirtschaft, Berlin, Seite 10 (2)

Braas GmbH, Oberursel, Seite 11 (1, 4, 6–8)

Cetris Deutschland (zementgebundene Spanplatte Cetris), Blankensee, Seite 17 (4)

die Bitumenbahn GmbH, www.derdichtebau.de, Frankfurt am Main, Seite 11 (2)

Egger Holzwerkstoffe, Brilon, Seite 17 (2)

Hutterdesign, F. Hutter GesmbH, Brunn am Gebirge (Österreich), Seite 10 (2)

Jacobi Tonwerke GmbH, Bilshausen, Seite 11 (3)

Knauf Gips KG, Iphofen, Seiten 17 (6); 23; 25

Radermacher Schmitz PR, Königswinter, Seite 18 (1)

Sindlinger, Hermann, Seite 64 (1)

Studiengemeinschaft Holzleimbau e.V., Wuppertal, Seite 62 (5)

Teetz, Wolfgang, Eurasburg, Seite 64 (2)

Timbory, Haas Holzprodukte GmbH, Falkenberg, Seite 17 (3)

www.wikipedia.de (Bystander), Seite 17 (5)